Sunil Kumar Mahla
Jashanpreet Singh

Estudos sobre biocombustível com éter dietílico em motor de combustão interna

Sunil Kumar Mahla
Jashanpreet Singh

Estudos sobre biocombustível com éter dietílico em motor de combustão interna

ScienciaScripts

Cover image: www.ingimage.com

This book is a translation from the original published under ISBN 978-620-2-30380-4.

Publisher:
Sciencia Scripts
is a trademark of
Dodo Books Indian Ocean Ltd. and OmniScriptum S.R.L publishing group

120 High Road, East Finchley, London, N2 9ED, United Kingdom
Str. Armeneasca 28/1, office 1, Chisinau MD-2012, Republic of Moldova, Europe
Managing Directors: Ieva Konstantinova, Victoria Ursu
info@omniscriptum.com

Printed at: see last page
ISBN: 978-620-8-58829-8

Conteúdo

Capítulo 1

Introdução

1.1 Generalidades

A fim de satisfazer as necessidades energéticas, tem havido um interesse crescente em combustíveis alternativos como os biodieseis, o álcool, o biogás, o hidrogénio e o gás de produção para fornecer um substituto adequado do óleo diesel para os motores de combustão interna. Os óleos vegetais constituem uma alternativa muito promissora ao gasóleo, uma vez que são renováveis e têm propriedades semelhantes. Os óleos vegetais oferecem quase a mesma potência com uma eficiência térmica ligeiramente inferior quando utilizados em motores diesel. Além disso, a contribuição dos biocombustíveis para o efeito de estufa é insignificante, uma vez que o dióxido de carbono (CO_2) emitido durante a combustão é reciclado no processo de fotossíntese das plantas. Os combustíveis alternativos devem estar facilmente disponíveis a baixo custo, ser amigos do ambiente e satisfazer as necessidades de segurança energética sem sacrificar o desempenho operacional do motor. Para os países em desenvolvimento, os combustíveis de origem biológica constituem uma solução viável para a dupla crise do esgotamento dos combustíveis fósseis e da degradação ambiental. Os óleos vegetais e os seus derivados nos motores diesel têm um índice de cetano mais elevado do que o diesel devido aos ácidos gordos de cadeia longa com 2-3 ligações duplas, ao calor de vaporização e à relação estequiométrica ar/combustível com o diesel mineral. Além disso, são biodegradáveis, não tóxicos, não têm aromáticos e contêm 10 a 11% de oxigénio em peso. Estas caraterísticas do biodiesel reduzem as emissões de monóxido de carbono (CO), hidrocarbonetos (HC) e partículas (PM) nos gases de escape em comparação com o gasóleo; no entanto, as emissões de NOx aumentam cerca de 11% e conduzem a reduções substanciais das emissões de óxidos de escultura, hidrocarbonetos aromáticos policíclicos (HAP), fumos e partículas (PM). Alguns dos combustíveis de origem biológica podem ser utilizados diretamente, enquanto outros necessitam de ser formulados para aproximar as propriedades relevantes dos combustíveis convencionais. Uma vez que os óleos vegetais simples não são adequados como combustíveis para motores diesel, têm de ser modificados para aproximar as suas propriedades relacionadas com a combustão do diesel. Esta modificação do combustível tem como principal objetivo a redução da viscosidade para eliminar problemas relacionados com o fluxo/atomização. Podem ser utilizadas quatro técnicas para reduzir a viscosidade dos óleos vegetais, nomeadamente o pré-aquecimento, a diluição/mistura, a microemulsão e a transesterificação. O biodiesel é um combustível diesel alternativo derivado da transesterificação de óleos vegetais com álcoois simples para dar os correspondentes ésteres monoalquílicos.

1.1.1 Veículo híbrido

A palavra híbrido é definida como "uma unidade funcional na qual duas ou mais tecnologias diferentes são combinadas para satisfazer um determinado requisito". Os veículos híbridos podem ser definidos de muitas maneiras, mas apresentam-se a seguir algumas definições selecionadas:

- Um veículo híbrido utiliza duas fontes diferentes de energia atractiva, por exemplo, combustível fóssil e eletricidade, que podem ser utilizadas em conjunto, ou uma de cada vez, para a repulsão do veículo."

- "Um híbrido é algo que tem dois tipos diferentes de componentes que desempenham essencialmente a mesma função. Neste caso, trata-se de uma máquina eléctrica e de um motor de combustão que, em conjunto, ou um de cada vez, fornecem a potência atractiva ao veículo."

- "Um veículo híbrido ou um veículo híbrido gás-elétrico utiliza uma mistura de tecnologias como motores de combustão interna, motores eléctricos, gasolina e baterias. Os automóveis híbridos actuais são movidos por motores eléctricos alimentados por baterias e por um ICE."

A diferença entre um veículo híbrido elétrico e um veículo convencional é a capacidade de os veículos híbridos combinarem duas ou mais fontes de energia, em comparação com o veículo convencional que apenas utiliza uma. Normalmente, os híbridos utilizam uma reserva de energia secundária para armazenar energia, direta ou indiretamente produzida por uma unidade de potência primária, PPU. Normalmente, a PPU é um motor de combustão interna, ICE, ou uma célula de combustível. A energia eléctrica armazenada nos amortecedores é utilizada quando necessário pela(s) máquina(s) eléctrica(s) utilizada(s) como actuadores. O VHE pode ser configurado de várias formas, com diferentes configurações e tipos de PPUs, armazenadores de energia, amortecedores de energia e caixas de velocidades. A intenção é melhorar a economia de combustível, as emissões ou o desempenho, para ser exato, pretende-se uma otimização destes aspectos. Esta otimização exigirá um controlo avançado do grupo motopropulsor. O grupo motopropulsor do VHE não está limitado a um combustível especial e pode, portanto, ser utilizado com qualquer combustível, tanto fóssil como renovável, como fonte de energia primária.

Porquê utilizar combustíveis alternativos?

Óxidos de azoto, monóxido de carbono, partículas em suspensão. O aumento dos gases com efeito de estufa é suspeito de contribuir para efeitos desastrosos a nível mundial, como condições meteorológicas extremas e alterações climáticas. De um modo geral, a necessidade de avançar para combustíveis alternativos é indiscutível. Continuar a poluir o nosso ar e a nossa atmosfera como fizemos no passado não só é insensato quando os efeitos são estudados, como é uma opção decididamente de curta duração, uma vez que os nossos recursos de combustíveis fósseis diminuem com o tempo.

1.1.2 Danos ambientais

As emissões de combustíveis fósseis dos veículos prejudicam o ambiente e contribuem para a poluição atmosférica. A utilização de combustíveis fósseis causa vários problemas ambientais importantes.

1.1.3 Aquecimento global

O aquecimento global, também conhecido como "Efeito de Estufa", é causado pela acumulação de emissões de dióxido de carbono (CO_2) que não deixam a baixa atmosfera da Terra. o CO_2 é o gás responsável por manter o clima da Terra quente porque absorve a radiação que, de outra forma, deixaria a atmosfera da Terra e se dispersaria na atmosfera superior. o CO_2, em quantidades moderadas, é necessário para manter uma determinada temperatura que suporta a vida na Terra. No entanto, está a acumular-se uma quantidade excessiva de CO_2 na atmosfera terrestre devido às emissões de combustíveis fósseis que contêm grandes quantidades de CO_2. O CO_2 formou um cobertor espesso que retém o calor perto da superfície da Terra. Os combustíveis fósseis são o maior produtor de emissões de CO_2 e a utilização significativa de combustíveis fósseis está a engrossar o manto de CO_2 sobre a Terra. Este manto retém os raios ultravioleta (UV) (que são essencialmente calor) que foram originalmente recebidos pela Terra a partir do Sol.

- O processo natural de aquecimento e arrefecimento da superfície da Terra: Os raios UV provenientes do Sol atingem a superfície da Terra e aquecem-na. Estes raios UV, depois de atingirem a superfície da Terra, devem ser reenviados para a atmosfera.

- O Efeito de Estufa: A acumulação não natural de CO_2 na baixa atmosfera está a formar um cobertor espesso que impede a ocorrência da segunda parte do processo natural - os raios UV que deixam a atmosfera da Terra. Os raios UV provenientes do Sol conseguem penetrar no manto de CO_2 e chegar à superfície da Terra mas não conseguem penetrar no manto de CO_2 depois de serem irradiados para cima a partir da superfície da Terra. Por conseguinte, permanecem retidos perto da superfície da Terra e estão constantemente a ser rebatidos para trás e para a frente pela superfície da Terra e pelo manto de CO_2. É importante notar que o processo de aquecimento e arrefecimento da Terra é um processo delicado. Os raios solares são a principal fonte de calor para a superfície da Terra. No entanto, estes raios são extremamente fortes e suficientemente quentes para que apenas necessitem de um breve contacto com a superfície da Terra para a aquecer. Estes raios, depois de atingirem a Terra, devem voltar para a atmosfera, o que permite que a Terra se mantenha a uma temperatura óptima, confortável para toda a vida no planeta e ideal para o clima global estabelecido. Com a ocorrência do manto de CO_2 e a acumulação de raios UV perto da superfície da Terra, a temperatura na Terra está a aumentar porque o processo natural dos raios permanecerem apenas o tempo suficiente para aquecer a superfície foi perturbado. Os raios UV retidos permanecem perto da superfície da Terra e estão a queimar os tecidos humanos, animais e vegetais. Isto reflecte-se no aumento da incidência de cancro entre a população mundial. O calor adicional que está agora a ser retido perto da superfície da Terra está também a causar um aumento geral das temperaturas globais e o degelo de glaciares com milhões de anos. Como resultado, está a ocorrer um aumento significativo do nível do lençol freático. O aumento dos lençóis freáticos misturado com o calor está a criar um excesso de humidade na baixa atmosfera da Terra, o que está a provocar um aumento da precipitação intensa e das tempestades. Consequentemente, os padrões meteorológicos estão a ser afectados.

A alteração dos padrões climáticos provocará tempestades, vagas de calor e secas que levarão a possíveis quebras de colheitas e fomes. As doenças tropicais aumentarão devido ao aumento da temperatura. A subida do nível dos oceanos e dos lagos provocará inundações costeiras. A economia será afetada por todas estas perturbações ambientais e o delicado equilíbrio dos ecossistemas será perturbado, resultando na erradicação da vida vegetal e animal.

1.2 Combustíveis alternativos para motores

Os combustíveis alternativos, conhecidos como combustíveis não convencionais ou avançados, são quaisquer materiais que possam ser utilizados como combustíveis, para além dos combustíveis convencionais.

a) Gás de petróleo liquefeito

b) Biogás

c) Gás natural comprimido

d) Biodiesel

e) Hidrogénio gasoso

f) Gás acetileno

g) Metanol

1.3 Motores diesel de duplo combustível

Num motor de combustível duplo, são utilizados dois combustíveis em simultâneo. O combustível primário, que é um combustível alternativo, está a utilizar a maior parte da energia total fornecida ao motor. O combustível secundário ou combustível piloto (geralmente gasóleo) é utilizado para iniciar o processo de combustão. O combustível primário é induzido juntamente com o ar durante o curso de admissão. O combustível secundário, que é o combustível piloto (gasóleo), é injetado de forma normal após a compressão da mistura primária combustível-ar. A alteração da quantidade de combustível primário gasoso adicionado ao coletor de admissão controla normalmente a potência de saída do motor. As duas principais vantagens do sistema são a possibilidade de os motores existentes serem equipados com duplo combustível, sem grandes modificações, e a flexibilidade dos motores de duplo combustível para voltarem ao modo de gasóleo puro, se e quando necessário. O motor bicombustível apresenta também uma maior eficiência térmica, menores emissões de escape e melhores caraterísticas de binário em relação à velocidade. Os motores de duplo combustível permitem uma taxa de compressão muito mais elevada do que os motores S.I. devido à pequena distância de propagação da chama e à curta penetração das partículas de combustível em resultado do grande número de núcleos. No caso dos motores de duplo combustível, a combustão também se torna mais complexa. A combustão difusiva do gasóleo e a combustão homogénea do combustível gasoso podem afetar-se mutuamente durante a combustão. É muito difícil compreender a natureza exacta da combustão num sistema de motor bicombustível em que dois combustíveis ardem quase simultaneamente a taxas de combustão diferentes. O principal problema surge nestes sistemas principalmente devido à má utilização do combustível induzido a cargas leves e à perda de controlo da combustão; este fenómeno é normalmente designado por início de detonação a cargas muito elevadas. A deterioração do desempenho da detonação a baixa carga deve-se em grande parte ao aumento do atraso de ignição do combustível piloto com a adição de combustível gasoso. A razão para o aumento do atraso de ignição é a participação ativa do combustível induzido, de forma desconhecida, na reação química de pré-ignição do combustível piloto. O problema da detonação torna-se ainda mais grave com combustíveis resistentes à detonação, como o metano e o etano, quando se encontram condições de temperatura e pressão elevadas. A detonação em motores bicombustíveis depende fortemente do tipo de combustível gasoso envolvido e não da quantidade de combustível piloto. Foi relatado que o fenómeno de detonação observado nos motores bicombustíveis é de natureza de auto-ignição, muito provavelmente do combustível gasoso disponível em torno dos centros de ignição. A baixas cargas, o maior atraso na ignição e a combustão incompleta são responsáveis por uma baixa eficiência. A fim de melhorar o desempenho em carga parcial, o combustível deve ser injetado a baixa pressão de injeção. É necessária uma fonte de ignição concentrada para a combustão do combustível induzido a baixas cargas. O aumento do tempo de injeção do piloto conduzirá a um aumento do seu atraso de ignição, resultando numa maior dispersão e vaporização do combustível para motores diesel. Isto afecta negativamente o limite inferior de inflamabilidade do combustível gasoso. Tendo em conta o que precede, é importante que a combustão dos combustíveis gasosos seja objeto de uma análise aprofundada.

1.4 Óleo de farelo de arroz como combustível alternativo para motores de combustão interna

O óleo de farelo de arroz é um óleo vegetal não convencional, barato e de baixa qualidade. O óleo de farelo de arroz bruto é também uma fonte de subprodutos de elevado valor acrescentado. Assim, se os subprodutos forem derivados do óleo de farelo de arroz bruto e o óleo resultante for utilizado como matéria-prima para o biodiesel, o biodiesel resultante pode ser bastante económico e acessível. O óleo de farelo de arroz é constituído pelos seguintes elementos.

1.4.1 Ésteres etílicos de ácidos gordos do óleo de farelo de arroz

Os ésteres de ácidos gordos são conhecidos por serem bons combustíveis alternativos (biodiesel). Devido a razões económicas, a utilização de materiais baratos como substratos para o biodiesel está a ser preferida. Neste caso, o óleo de farelo de arroz, que não pode ser avaliado como óleo alimentar, é um material interessante. Foi investigada a eterificação do óleo de farelo de arroz de elevada acidez com etanol e catalisador de ácido sulfúrico. Os efeitos do teor de ácidos gordos livres (AGL) do óleo de farelo de arroz e da concentração de etanol na eterificação in-situ foram investigados e as composições dos ésteres etílicos produzidos devido às condições foram determinadas.

1.4.2 Trans-eterificação catalisada por ácido do óleo de farelo de arroz para biodiesel

O elevado valor do óleo de soja ou do óleo de canola como produto alimentar torna a produção de um combustível rentável muito difícil. A utilização de óleos alimentares como matéria-prima para o biodiesel custa cerca de 60-70% do custo da matéria-prima. Não utilizar óleos comestíveis, baratos e de baixa qualidade com subprodutos de valor acrescentado é extremamente importante para tornar a produção de biodiesel económica. O óleo de farelo de arroz ocupa o primeiro lugar entre os óleos vegetais não convencionais, baratos e de baixa qualidade. Além disso, o óleo de farelo de arroz bruto é uma fonte rica de subprodutos de elevado valor acrescentado. Por conseguinte, a utilização de óleo de farelo de arroz como matéria-prima para a produção de biodiesel não só torna o processo económico como também gera compostos bioactivos de valor acrescentado. O isolamento e a purificação destes subprodutos tornam o processo atrativo e remunerador. Na presente investigação, foi efectuado um estudo sistemático da eterificação de óleo de farelo de arroz com elevado teor de ácidos gordos livres para estabelecer as condições ideais de reação. Verificou-se que a eterificação dos ácidos gordos em metanol catalisada por ácido é mais rápida do que a dos triglicéridos puros ou dos triglicéridos puros com 5% de água. Mais de 99% dos AG foram convertidos nos seus FAME correspondentes com 20 minutos de tempo de reação à temperatura do ponto de ebulição do metanol, caso contrário, durante quase 6 horas de reação nenhum dos TG foi convertido. O efeito do comprimento da cadeia e da saturação do ácido gordo na taxa de eterificação do ácido gordo com metanol é igualmente reativo, independentemente da diferença nas suas estruturas químicas. Os ácidos gordos de diferentes fontes apresentam conversões semelhantes e a alteração da composição dos ácidos gordos não tem qualquer efeito na taxa de eterificação com metanol. O óleo de farelo de arroz contém uma gama de gorduras com 47% de gorduras monoinsaturadas e 33% de gorduras polinsaturadas. A composição em ácidos gordos do óleo de farelo de arroz é

Fatty Acid Percentage	
Palamitic	15.0%
Olice	42%
Linoleic	1.1%
Arachidic	0.5%
Behenic	0.2%

Quadro 1.1 % de ácidos gordos

1.4.3 Caraterísticas de combustível do óleo de farelo de arroz

A viscosidade de um fluido é uma medida da sua resistência à deformação gradual por tensão de cisalhamento ou tensão de tração. Para os líquidos, corresponde à noção informal de "espessura". Por exemplo, o mel tem uma viscosidade superior à da água.

O ponto de turvação de um fluido é a temperatura à qual os sólidos dissolvidos deixam de ser completamente solúveis, precipitando como uma segunda fase que dá ao fluido um aspeto turvo. Este termo é relevante para várias aplicações com diferentes consequências Na indústria petrolífera, o ponto de turvação refere-se à temperatura abaixo da qual a cera no gasóleo ou a bio-cera nos biodieseis formam um aspeto turvo. A presença de ceras solidificadas torna o óleo mais espesso e obstrui os filtros de combustível e os injectores dos motores.

O ponto de inflamação de um material volátil é a temperatura mais baixa a que este pode vaporizar-se para formar uma mistura inflamável no ar. A medição de um ponto de inflamação requer uma fonte de ignição. No ponto de inflamação, o vapor pode deixar de arder quando a fonte de ignição é removida. O ponto de inflamação não deve ser confundido com a temperatura de auto-ignição, que não necessita de uma fonte de ignição, ou com o ponto de inflamação, a temperatura a que o vapor continua a arder depois de ser inflamado. Nem o ponto de inflamação nem o ponto de fogo dependem da temperatura da fonte de ignição, que é muito mais elevada.

Density at 21°C, g/ml	Viscosity at 38°C,	Cloud Point, °C	Pour Point, °C	Flash Point, °C	Gross Heat MJ/kg	Free Fatty Acid %,
0.923	42.2	11	-1	258	42.3	0.15

Tabela 1.2: - Caraterísticas de combustível do óleo de farelo de arroz

1.5.4 Propriedades dos combustíveis comparativos

Os combustíveis diesel convencionais são destilados com um intervalo de ebulição de cerca de 149°C a 371°C, obtidos pela destilação de petróleo bruto. Os componentes dos combustíveis para motores diesel são fracções de destilação direta contendo hidrocarbonetos parafínicos e nafténicos, nafta e gasóleos de cracking. Os gasóleos atmosféricos tendem a ter uma boa qualidade de ignição (índice de cetano), mas muitos contêm alguns hidrocarbonetos de elevado ponto de fusão (ceras) que podem resultar em pontos de turvação e de fluidez elevados.

A cera de farelo de arroz, obtida a partir do óleo de farelo de arroz, é utilizada como substituto da cera de carnaúba em cosméticos, produtos de confeitaria, cremes para calçado e compostos de polimento. O óleo de farelo de arroz tem uma composição semelhante à do óleo de amendoim , com 38% de ácidos gordos monoinsaturados, 37% de ácidos gordos polinsaturados e 25% de ácidos gordos saturados. O componente γoryzanol do óleo de farelo de arroz demonstrou no Japão ser eficaz no alívio dos afrontamentos e de outros sintomas da menopausa.

Estudos demonstraram que a estabilidade antioxidante no óleo de farelo de arroz permanece quase constante mesmo quando aquecido a temperaturas de fritura. O estudo da degradação térmica e da estabilidade antioxidante no óleo é efectuado aquecendo o óleo à temperatura de fritura até 250°C durante 0,5, 1, 1,5 e 2 horas. Verificou-se que a densidade do óleo de farelo de arroz se manteve constante durante todo o tempo de aquecimento, o que indica que não ocorreram alterações moleculares devido à atividade antioxidante do óleo. A estabilidade oxidativa do óleo de farelo de arroz foi equivalente ou melhor do que a do óleo de soja, milho, canola, semente de algodão e cártamo num sistema modelo que simulou condições de fritura profunda.

Property Parameters	**Diesel Fuel**	**Rice Bran Oil Bio-diesel**	**Bio Ethanol**
Density at 20 ^{0}C, g/cm3	0.82	0.8742	0.78
Viscosity at 400 C, mm2/s	3.4	4.63	1.35
Flash Point, 0C	71	165	22
Auto-ignition temperature, ^{0}C	225	320	415
Pour point, ^{0}C	1	3	<-35
Cetane Number	45	56.2	10
Iodine Number, J2 g/100 g	6	102	--
Acid Value, mg KOH/g	0.07	0.25	--
Oxygen Content, max wt%	0.4	11.25	34.8
Net Heating Value, MJ/kg	43.5	38.725	26.8

Tabela 1.3:- Propriedades dos combustíveis comparativos (gasóleo, óleo de farelo de arroz e bioetanol)

1.6 BIODIESEL

Os principais componentes dos óleos vegetais e das gorduras animais são os triciclos de glicerol (TAG; frequentemente também designados por triglicéridos). Quimicamente, os TAG são ésteres de ácidos gordos (FA) com glicerol (1, 2, 3- propanetriol; o glicerol é também frequentemente designado por glicerina). Os

TAG dos óleos vegetais e das gorduras animais contêm normalmente vários FA diferentes. Assim, diferentes FA podem ser ligados a uma espinha dorsal de glicerol. Os diferentes AG contidos nos TAG constituem o perfil de AG (ou composição de AG) do óleo vegetal ou da gordura animal. Uma vez que diferentes FA têm diferentes propriedades físicas e químicas, o perfil FA é provavelmente o parâmetro mais importante que influencia as propriedades correspondentes de um óleo vegetal ou gordura animal. O biodiesel pode ser produzido a partir de uma grande variedade de matérias-primas. Estas matérias-primas incluem os óleos vegetais mais comuns (por exemplo, soja, sementes de algodão, palma, amendoim, colza/canola, girassol, cártamo, coco) e gorduras animais (geralmente sebo), bem como óleos usados (por exemplo, óleos de fritura usados). A escolha da matéria-prima depende em grande medida da geografia. Dependendo da origem e da qualidade da matéria-prima, podem ser necessárias alterações ao processo de produção. O biodiesel é miscível com o petro-diesel em todas as proporções. Em muitos países, este facto levou à utilização de misturas de biodiesel com gasóleo de petróleo em vez de biodiesel puro. É importante notar que estas misturas com gasóleo de petróleo não são biodiesel. Muitas vezes, as misturas com gasóleo de petróleo são designadas por acrónimos como B20, que indica uma mistura de 20% de biodiesel com gasóleo de petróleo.

1.7 História do biodiesel

A utilização de óleos vegetais como combustíveis alternativos existe há cem anos, quando o inventor do motor diesel Rudolph Diesel testou pela primeira vez o óleo de amendoim no seu motor de ignição por compressão. Nas décadas de 1930 e 1940, os óleos vegetais eram utilizados ocasionalmente como combustíveis para motores diesel, mas normalmente apenas em situações de emergência. Em 1940, foram realizados em França os primeiros ensaios com ésteres metílicos e etílicos de óleos vegetais e, ao mesmo tempo, cientistas belgas utilizavam ésteres etílicos de óleo de palma como combustível para autocarros. Pouco foi feito até ao final da década de 1970 e início da década de 1980, quando as preocupações com os elevados preços do petróleo motivaram uma vasta experimentação com gorduras e óleos como combustíveis alternativos. O biodiesel (ésteres monoalquílicos) começou a ser amplamente produzido no início da década de 1990 e, desde então, a produção tem vindo a aumentar de forma constante. Na União Europeia (UE), o biodiesel começou a ser promovido na década de 1980 como um meio de evitar o declínio das zonas rurais e, ao mesmo tempo, responder aos níveis crescentes de procura de energia. No entanto, só começou a ser amplamente desenvolvido na segunda metade da década de 1990.

1.8 MÉTODOS

Geralmente, a utilização direta de óleos vegetais no motor diesel não é preferida devido à sua elevada viscosidade.

Foram investigados quatro métodos para reduzir a elevada viscosidade dos óleos vegetais, de modo a permitir a sua utilização em motores diesel comuns sem problemas operacionais, tais como depósitos no motor:

1. Pirólise
2. Microemulsificação
3. Diluição
4. Transesterificação.

1.8.1 Pirólise

A pirólise é a conversão de uma substância noutra por meio do calor ou do calor com a ajuda de um catalisador. Envolve o aquecimento na ausência de ar ou oxigénio e a clivagem de ligações químicas para produzir pequenas moléculas. As fracções líquidas do óleo vegetal termicamente decomposto são susceptíveis de se aproximar dos combustíveis diesel. Os pirolisados têm viscosidade, ponto de inflamação e ponto de fluidez inferiores aos do gasóleo e valores caloríficos equivalentes. O número de cetano do pirolisado é inferior. Os óleos vegetais pirolisados contêm quantidades aceitáveis de enxofre, água e sedimentos e dão valores aceitáveis de corrosão do cobre, mas inaceitáveis de cinzas, resíduos de carbono e ponto de fluidez.

1.8.2 Microemulsificação

A formação de microemulsões (co-solvência) é uma das soluções potenciais para resolver o problema da viscosidade dos óleos vegetais. Uma microemulsão é definida como uma dispersão em equilíbrio coloidal de microestruturas fluidas opticamente isotrópicas com dimensões geralmente na gama de 1±150 nm, formadas espontaneamente a partir de dois líquidos normalmente imiscíveis e um ou mais anfifílicos iónicos ou não iónicos. Uma microemulsão pode ser feita de óleos vegetais com um éster e um dispersante (co-solvente), ou de óleos vegetais, um álcool, um tensioativo e um melhorador de cetano, com ou sem combustíveis diesel. A água (proveniente de etanol aquoso) pode também estar presente a fim de utilizar etanol de baixo teor alcoólico, aumentando assim a tolerância das microemulsões à água.

1.8.3 Diluição

A diluição dos óleos vegetais pode ser efectuada com materiais como o gasóleo, o solvente ou o etanol.

1.8.4 Transesterificação

Embora a mistura de óleos e outros solventes e microemulsões de óleos vegetais diminua a viscosidade, continuam a existir problemas de desempenho do motor, como o depósito de carbono e a contaminação do óleo lubrificante. A pirólise produz mais linha de biogás do que combustível biodiesel. A transesterificação é, de longe, o método mais comum para a produção de biodiesel. Como o nome sugere, é a conversão de um éster noutro. Quando o éster original reage com um álcool, o processo de transesterificação é designado por alcoólise. A transesterificação é uma reação de equilíbrio e a transformação ocorre essencialmente pela mistura dos reagentes. No entanto, a presença de um catalisador (normalmente um ácido ou uma base forte) acelera consideravelmente o ajuste do equilíbrio. Para obter um rendimento elevado do éster, o álcool tem de ser utilizado em excesso.

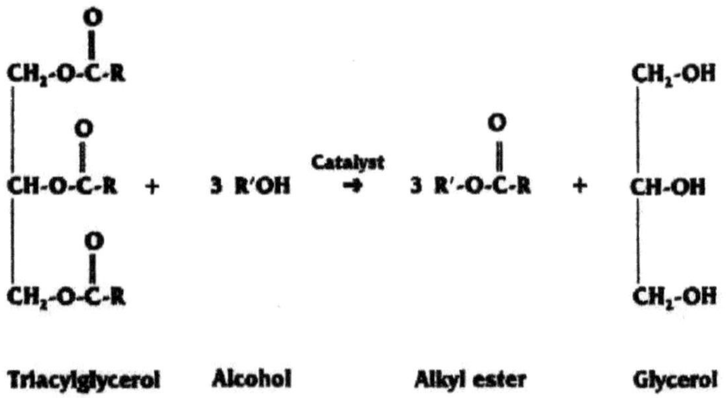

$$\begin{array}{c} CH_2\text{-O-C(=O)-R} \\ | \\ CH\text{-O-C(=O)-R} \\ | \\ CH_2\text{-O-C(=O)-R} \end{array} + 3\ R'OH \xrightarrow{\text{Catalyst}} 3\ R'\text{-O-C(=O)-R} + \begin{array}{c} CH_2\text{-OH} \\ | \\ CH\text{-OH} \\ | \\ CH_2\text{-OH} \end{array}$$

Triacylglycerol　Alcohol　Alkyl ester　Glycerol

Figura-1.1 A Reação de Transesterificação.

De um modo geral, a transesterificação pode ser efectuada por catálise básica ou ácida. No entanto, na catálise homogénea, a catálise alcalina (hidróxido de sódio ou de potássio; ou os lagos correspondentes) é um processo muito mais rápido do que a catálise ácida.

1.8.5 Variáveis de processo na transesterificação

As variáveis mais importantes que influenciam o tempo de reação de transesterificação e a conversão são:

1. Temperatura do óleo
2. Temperatura de reação
3. Relação álcool/óleo
4. Tipo e concentração do catalisador
5. Intensidade da mistura
6. Pureza dos reagentes.

1.8.6 Temperatura do óleo

A temperatura a que o óleo é aquecido antes de ser misturado com o catalisador e o metanol afecta a reação. Observou-se que o aumento da temperatura do óleo aumenta marginalmente a percentagem de conversão de óleo em biodiesel, bem como a recuperação de biodiesel. No entanto, os testes foram efectuados apenas até 60° C, uma vez que temperaturas mais elevadas podem resultar na perda de metanol no processo descontínuo.

1.8.7 Temperatura de reação

A velocidade da reação é fortemente influenciada pela temperatura da reação. Geralmente, a reação é conduzida perto do ponto de ebulição do metanol (60 a 70°C) à pressão atmosférica. O rendimento máximo de ésteres ocorre a temperaturas entre 60 e 80°C, com uma razão molar (álcool/óleo) de 6:1. Um aumento adicional da temperatura tem um efeito negativo na conversão. Estudos indicaram que, com tempo suficiente, a transesterificação pode prosseguir satisfatoriamente à temperatura ambiente no caso do catalisador alcalino.

Observou-se que a recuperação de biodiesel foi afetada a temperaturas muito baixas (tal como as baixas temperaturas ambientes em tempo frio), mas a conversão quase não foi afetada.

1.8.8 Relação álcool/óleo

Outra variável importante que afecta o rendimento do éster é a relação molar entre o álcool e o óleo vegetal. Uma razão molar de 6:1 é normalmente utilizada em processos industriais para obter rendimentos de ésteres metílicos superiores a 98% em peso. Uma razão molar mais elevada entre o álcool e o óleo vegetal interfere na separação do glicerol.

Observou-se que razões molares mais baixas exigiam mais tempo de reação. Com razões molares mais elevadas, a conversão aumentou mas a recuperação diminuiu devido à fraca separação do glicerol. Verificou-se que as razões molares óptimas dependem do tipo e da qualidade do óleo.

1.8.9 Tipo de catalisador e concentração

As lacas de metais alcalinos são o catalisador de transesterificação mais eficaz do que o catalisador ácido. As lacas de sódio estão entre os catalisadores mais eficientes utilizados para este fim, embora o hidróxido de potássio e o hidróxido de sódio também possam ser utilizados. A maioria das transesterificações comerciais é efectuada com catalisadores alcalinos. A concentração de catalisador alcalino na gama de 0,5 a 1% em peso produz uma conversão de 94 a 99% de óleo vegetal em ésteres. Além disso, o aumento da concentração do catalisador não aumenta a conversão e acarreta custos adicionais porque é necessário removê-lo do meio de reação no final.

Observou-se que eram necessárias quantidades mais elevadas de catalisador de hidróxido de sódio para óleos com um teor de AGL mais elevado. Caso contrário, uma maior quantidade de hidróxido de sódio resultou numa redução da recuperação devido à separação de uma maior quantidade de glicerol do óleo.

1.8.10 Intensidade da mistura

O efeito da mistura é mais significativo durante a região de taxa lenta da reação de transesterificação. À medida que a fase única é estabelecida, a mistura torna-se insignificante. A compreensão dos efeitos da mistura na cinética do processo de transesterificação é uma ferramenta valiosa no aumento de escala e no projeto do processo. Observou-se que após a adição de metanol e catalisador ao óleo, 510 minutos de agitação ajudam a aumentar a taxa de conversão e recuperação.

1.8.11 Pureza dos reagentes

As impurezas presentes no óleo também afectam os níveis de conversão. Nas mesmas condições, é possível obter uma conversão de 67 a 84% em ésteres utilizando óleos vegetais brutos, em comparação com 94 a 97% quando se utilizam óleos refinados. Os ácidos gordos livres presentes nos óleos originais interferem com o catalisador. No entanto, em condições de alta temperatura e pressão, este problema pode ser ultrapassado.

Observou-se que os óleos brutos eram igualmente bons em comparação com os óleos refinados para a produção de biodiesel. No entanto, os óleos devem ser corretamente filtrados. A qualidade do óleo é muito importante a este respeito. O óleo depositado no fundo durante o armazenamento pode dar uma menor recuperação de biodiesel devido à acumulação de impurezas como a cera, etc.

Capítulo 2

Revisão da literatura

Este capítulo inclui uma revisão pormenorizada da literatura sobre as caraterísticas de desempenho e de emissões do motor bicombustível, em que é apresentado um resumo das conclusões anteriores, a fim de colocar o problema atual na perspetiva correta. A ideia da tecnologia de duplo combustível não é um conceito novo. Rudolf Diesel, o pai do motor diesel, propôs a possibilidade de substituir a gasolina por óleo de amendoim há cerca de 100 anos, quando apresentou o seu primeiro motor diesel numa exposição em Paris. O motor a gasóleo foi concebido e desenvolvido principalmente para funcionar com combustíveis líquidos. Funciona com o combustível queimado pelo calor da compressão da carga no cilindro. As propriedades desejáveis num combustível diesel são a qualidade da ignição, a volatilidade, a viscosidade, a gravidade específica e o lubrificante. No entanto, a qualidade da ignição é o fator mais significativo que rege a adequação do combustível para aplicações em motores diesel. É medida em termos de índice de cetano, que é a sua capacidade de auto-inflamação rápida quando injetado no ar comprimido a alta pressão no cilindro do motor. Os combustíveis com elevado índice de cetano são adequados para motores de ignição por compressão. Os motores de ignição por compressão foram concebidos para funcionar com uma vasta gama de combustíveis de hidrocarbonetos pesados a leves. Os tipos de petróleo mais pesados, conhecidos como óleos leves, são adequados para motores de baixa velocidade, ao passo que estes combustíveis não são adequados para motores a gasóleo de alta velocidade.

2.1 Revisão da literatura

Foi realizado um volume substancial de trabalho sobre vários aspectos do biodiesel. Este capítulo categoriza a literatura em três partes.

A primeira parte discute a literatura relacionada com o biodiesel e a transesterificação,

A segunda parte aborda a literatura relacionada com a produção de biodiesel a partir de óleo de farelo de arroz. A terceira parte aborda a literatura relacionada com as caraterísticas de desempenho e de emissões do motor a gasóleo alimentado com biodiesel.

Mustafa Balat , Havva Balat[1] descreveram que os problemas com a substituição de triglicéridos por combustíveis para motores diesel estavam principalmente associados às suas elevadas viscosidades, baixas volatilidades e carácter polinsaturado. A viscosidade dos óleos vegetais, quando utilizados como combustível para motores diesel, pode ser reduzida de, pelo menos, quatro formas diferentes: (1) diluição com hidrocarbonetos (mistura), (2) emulsificação, (3) pirólise (craqueamento térmico) e (4) transesterificação (álcool). A transesterificação foi o método mais comum e conduz a ésteres monoalquílicos de óleos e gorduras vegetais, atualmente designados por biodiesel quando utilizados como combustível. Os principais factores que afectam a transesterificação são a razão molar entre os glicosídeos e o álcool, o catalisador, a temperatura e a pressão da reação, o tempo de reação e o teor de ácidos gordos livres e de água nos óleos. Os rácios molares de álcool para glicosídeos geralmente aceites são 6:1-30:1. O biodiesel é um combustível de substituição do gasóleo de queima mais limpa, produzido a partir de fontes naturais e renováveis, tais como óleos vegetais novos e usados e gorduras animais. Tal como o gasóleo de petróleo, o biodiesel funciona em motores de ignição por compressão ou motores diesel. O biodiesel foi caracterizado através da determinação da sua densidade, viscosidade, elevado valor calorífico, índice de cetano, pontos de nuvem e de fluidez, caraterísticas de destilação e pontos de inflamação e combustão, de acordo com as normas ISO. A viscosidade é a propriedade mais importante do biodiesel, uma vez que afecta o funcionamento do equipamento de injeção de combustível, particularmente a baixas temperaturas, quando o aumento da viscosidade afecta a fluidez do combustível.

O relatório do comité sobre o desenvolvimento de biocombustíveis da Comissão de Planeamento da Índia[3] discutiu os problemas na utilização de gasóleo de alta velocidade derivado do petróleo, as caraterísticas do biodiesel, a lógica, a viabilidade da produção de biodiesel como substituto do gasóleo de petróleo, o objetivo da produção de biodiesel, as especificações e as normas de qualidade para os biocombustíveis, as questões de I&D que requerem atenção (matérias-primas, tecnologia de produção, utilização como combustível, instalações em funcionamento/em construção, mistura de ésteres e gasóleo, armazenamento e manuseamento de biodiesel, desenvolvimento e modificações de motores).

Ao discutir as caraterísticas, afirma-se que o biodiesel tem propriedades semelhantes às do gasóleo de petróleo. O biodiesel é um substituto do gasóleo. As especificações do biodiesel são tais que este pode ser misturado com qualquer combustível para motores diesel. Assim, o biodiesel pode complementar o fornecimento de combustíveis amigos do ambiente no nosso país no futuro. Nos combustíveis diesel convencionais, a redução do teor de enxofre é compensada pela adição de um aditivo para a lubrificação da bomba de injeção de combustível (FIP). O biodiesel tem uma lubricidade superior. O ponto de inflamação do biodiesel é elevado (> 100° C). A sua mistura com gasóleo pode ser utilizada para aumentar o ponto de inflamação do gasóleo, particularmente na Índia, onde o ponto de inflamação é de 35° C, bem abaixo da média mundial de 55° C. Isto é importante do ponto de vista da segurança. A viscosidade do biodiesel é mais elevada (1,9 a 6,0 cSt) e, segundo consta, pode provocar a formação de goma no injetor, na camisa do cilindro, etc. No entanto, misturas de até 20% não devem causar qualquer problema. Embora um motor possa ser concebido para utilização a 100% de biodiesel, os motores existentes podem utilizar uma mistura de 20% de biodiesel sem qualquer modificação e redução do binário. Pode ser armazenado tal como o gasóleo de petróleo e, por conseguinte, não requer infra-estruturas separadas. O biodiesel foi aceite como combustível alternativo limpo pelos EUA. Devido às suas propriedades favoráveis, o biodiesel pode ser utilizado como combustível para motores a gasóleo (como B5 - uma mistura de 5% de biodiesel em gasóleo de petróleo, ou B20 ou B100). Os EUA utilizam o biodiesel B20 e B100, enquanto a França utiliza o B5 como combustível obrigatório em todos os gasóleos.

Gerhard Knothe et al.[2] descreveram no seu livro o conceito técnico de utilização de óleos vegetais ou gorduras animais ou mesmo de óleos usados como combustível diesel renovável. O biodiesel é a forma sob a qual estes óleos e gorduras estão a ser utilizados como combustível diesel puro ou em misturas com combustíveis diesel derivados do petróleo. O conceito em si pode parecer simples, mas essa aparência é enganadora, uma vez que a utilização do biodiesel está repleta de numerosas questões técnicas.

Fangrui Maa, Milford A. Hannab [4] descreveram as quatro principais formas de produzir biodiesel: utilização direta e mistura, microemulsões, craqueamento térmico (pirólise) e transesterificação. Dos vários métodos disponíveis para a produção de biodiesel, a transesterificação de óleos e gorduras naturais foi o método de eleição. O objetivo do processo é diminuir a viscosidade do óleo ou da gordura. Embora a mistura de óleos e outros solventes e microemulsões de óleos vegetais diminua a viscosidade, continuam a existir problemas de desempenho do motor, como o depósito de carbono e a contaminação do óleo lubrificante. A pirólise produz mais biogasolina do que biodiesel. A transesterificação é basicamente uma reação sequencial. Os triglicéridos são primeiro reduzidos a triglicéridos. Os triglicéridos são subsequentemente reduzidos a monoglicéridos. Os monoglicéridos são finalmente reduzidos a ésteres de ácidos gordos. A ordem da reação varia em função das condições de reação. Os principais factores que afectam a transesterificação são a razão molar entre os glicosídeos e o álcool, os catalisadores, a temperatura e o tempo de reação e o teor de ácidos gordos livres e de água nos óleos e gorduras. A relação molar entre o álcool e os glicosídeos é geralmente aceite como sendo de 6:1. Os catalisadores de base são mais eficazes do que os catalisadores ácidos e as enzimas. A quantidade recomendada de base a utilizar é entre 0,1 e 1% p/p de óleos e gorduras. Temperaturas de reação mais elevadas aceleram a reação e encurtam o tempo de reação. A reação foi lenta no início durante um curto período de tempo e prossegue rapidamente, abrandando depois novamente. As transesterificações catalisadas por bases terminam basicamente numa hora.

Ulf Schuchardta et al. [5] analisaram a transesterificação de óleos vegetais com metanol, bem como as principais utilizações dos ésteres metílicos de ácidos gordos. Foram descritos os aspectos gerais deste processo e a aplicabilidade de diferentes tipos de catalisadores (ácidos, hidróxidos de metais alcalinos, alcóxidos e carbonatos, enzimas e bases não iónicas, tais como aminas, amidinas, guanidinas e triamino (amino) fosforanos). Foi dada especial atenção às guanidinas, que podem ser facilmente heterogeneizadas em polímeros orgânicos. No entanto, os catalisadores ancorados apresentam problemas de lixiviação. São propostas novas estratégias para obter catalisadores não lixiviantes contendo guanidinas. Finalmente, são descritas várias aplicações de ésteres de ácidos gordos, obtidos por transesterificação de óleos vegetais.

M.Mathiyazhagan et al. [6] investigaram os óleos não comestíveis como matérias-primas para a produção de biodiesel, a fim de reduzir o custo do biodiesel. Normalmente, o método catalisado por álcali foi seguido para o processo de produção de biodiesel. No entanto, os óleos não comestíveis têm um elevado teor de ácidos gordos livres, o que não é adequado para o processo normal de transesterificação. Por conseguinte, foi utilizado um método catalisado em duas fases para preparar o biodiesel. O elevado teor de AGL dos óleos não comestíveis foi eficientemente convertido em biodiesel. A figura 2.1 mostra o diagrama de fluxo da produção de biodiesel a partir de óleos não comestíveis.

M. Canakci, J. Van Gerpen. [7] investigaram a utilização de matérias-primas de baixo custo e com elevado teor de AGL para produzir biodiesel com qualidade de combustível. Foi determinado que as matérias-primas com elevado teor de AGL não podiam ser transesterificadas com os catalisadores alcalinos tradicionais que têm sido utilizados com sucesso para óleos vegetais. Os catalisadores alcalinos formam sabão quando reagem com os AGL. O sabão remove o catalisador da reação e impede a separação da glicerina e do éster. Foi desenvolvido um processo para utilizar catalisadores ácidos para recuar as matérias-primas com elevado teor de FFA até que o seu nível de FFA fosse inferior a 1%, permitindo a utilização subsequente de catalisadores alcalinos para converter os triglicéridos. Os efeitos da razão molar do metanol, da quantidade de catalisador ácido e do tempo de reação na redução do nível de AGL foram estudados com uma matéria-prima simulada com elevado teor de AGL, constituída por 20% de ácido palmítico em óleo de soja. Esta parte do estudo mostrou que o nível de AGL das matérias-primas podia ser reduzido para menos de 1% com um processo de pré-tratamento catalisado por ácido em duas fases. A extensão do processo à gordura amarela e castanha mostrou que eram necessários níveis mais elevados de catalisador ácido e metanol.

Gerhard Knothe. [8] Discutiu que as propriedades do combustível do biodiesel são fortemente influenciadas pelas propriedades dos ésteres gordos individuais no biodiesel. Ambas as moléculas, o ácido gordo e o álcool, podem ter uma influência considerável nas propriedades do combustível, como o número de cetano em relação à combustão e às emissões de escape, o fluxo a frio, a estabilidade oxidativa, a viscosidade e a lubricidade. Em geral, o índice de cetano, o calor de combustão, o ponto de fusão e a viscosidade dos compostos gordos puros aumentam com o aumento do comprimento da cadeia e diminuem com o aumento da insaturação. Por conseguinte, afigura-se razoável enriquecer (a) determinado(s) éster(es) gordo(s) com propriedades desejáveis no combustível, a fim de melhorar as propriedades de todo o combustível. Por exemplo, os dados disponíveis indicam que os ésteres isopropílicos têm melhores propriedades de combustível do que os ésteres metílicos. A principal desvantagem era o preço mais elevado do iso-propanol em comparação com o metanol, para além das modificações necessárias para a reação de transesterificação. É provável que observações semelhantes se apliquem à fração de ácido gordo.

P.K.Gupta et al. [9] discutiram o efeito de vários parâmetros no rendimento e na conversão de óleo em biodiesel preparado a partir de óleo de farelo de arroz. A percentagem de conversão, bem como o rendimento, foram bons com uma razão molar de 6:1, tempo de reação de 4 horas e temperatura do óleo de 60°C. O rendimento mostrou uma tendência crescente com o aumento da temperatura do óleo ou da temperatura de reação. O aumento do teor de FFA resultou numa diminuição do rendimento, mas a conversão não foi afetada. A lavagem do biodiesel com água quente preparada a partir de óleo com elevado teor de AGL facilitou um melhor rendimento. O aquecimento do óleo a 100°C (para remover vestígios de humidade) ajudou a melhorar a conversão e o rendimento do biodiesel. O biodiesel preparado a baixa temperatura ambiente deve ser lavado com água quente para se obter um bom rendimento.

O objetivo de **Orchidea Rachmaniah et al. [10]** era realizar estudos sistemáticos de transesterificação de óleo de farelo de arroz com baixo teor de FFA para estabelecer as condições ideais de reação.

As variáveis do substrato que afectam a formação de ésteres foram investigadas para determinar a melhor estratégia para a produção de biodiesel. Do estudo da produção de biodiesel catalisada por ácido foram retiradas as seguintes conclusões:

1. A quantidade de ácidos gordos livres no óleo pode ter um efeito significativo na reação de transesterificação.

2. A taxa de reação do ácido gordo ao éster metílico foi mais rápida do que a taxa de reação dos triglicéridos.

3. O efeito do comprimento da cadeia e da insaturação do ácido gordo na taxa de eterificação do ácido gordo com metanol foi igualmente reativo, independentemente da diferença

Novy Srihartati Kasim et al. [11] realizaram o estudo da reação entre metanol supercrítico e farelo de arroz ou DDRBO (dewaxed degummed rice bran oil) com CO2 como co-solvente. A produção de FAMEs (ésteres metílicos de ácidos gordos) por transesterificação in situ de farelo de arroz e metanol supercrítico não foi uma forma promissora. Verificou-se que o rendimento do biodiesel era baixo (51,28%) e que o farelo de arroz não podia ser recuperado para reutilização. O DDRBO era uma matéria-prima adequada para a produção de biodiesel através da reação com metanol supercrítico. Quando o DDRBO foi reagido, a pureza e o rendimento foram de 89,25% e 94,84%, respetivamente. Descobriu-se que os TransFAMEs, que constituem cerca de 16,05% do biodiesel, são os produtos da isomerização de FAMEs insaturados. Os hidrocarbonetos alifáticos detectados no produto foram confirmados como resultantes da decomposição de TAGs (triacilgliceróis). Os hidrocarbonetos esteroidais como impurezas nos FAMEs podem ter sido o resultado da reação de desidratação dos esteróis, que é um componente menor no DDRBO.

Yi-Hsu Ju, Shaik Ramjan Vali [12] referiram que a principal preocupação com o biodiesel é o seu elevado preço. Um dos objectivos futuros da investigação sobre biodiesel é a seleção de matérias-primas baratas com subprodutos de elevado valor acrescentado. O farelo de arroz é um subproduto da moagem do arroz que contém 15-23% de lípidos e uma quantidade significativa de compostos nutracêuticos. Devido à presença de lipases activas no farelo e à falta de métodos económicos de estabilização, a maior parte do farelo é utilizada como alimento para animais ou combustível para caldeiras e a maior parte do óleo de farelo de arroz (RBO) produzido é de qualidade não comestível. Assim, o RBO é uma matéria-prima relativamente barata para a produção de biodiesel. A utilização do subproduto, como o farelo de arroz desengordurado, para a produção de proteínas, hidratos de carbono, fotoquímicos e o isolamento e purificação de nutracêuticos de valor acrescentado gerados durante a produção de biodiesel a partir de RBO são opções atractivas para baixar o custo do biodiesel. A produção de biodiesel a partir de RBO pode ser efectuada através de eterificação in situ, eterificação catalisada por lipase e reacções catalisadas por ácido e por base. Uma reação numa única fase para a conversão de RBO com elevado teor de ácidos gordos livres em biodiesel, através de reacções catalisadas por ácido, catalisadas por base ou catalisadas por lipase, não consegue atingir uma conversão elevada num período de tempo razoavelmente curto. O pré-tratamento do RBO bruto, tal como a desoxidação/degomagem, é um passo crucial devido à sua eficiente síntese de metanol. A composição em ácidos gordos do RBO desgomado é semelhante à de outros óleos vegetais, que são utilizados como matéria-prima para o biodiesel.

Kusum R. et al. [13] discutiram a situação atual e as perspectivas futuras do óleo de farelo de arroz. Foram discutidas várias vantagens, juntamente com os efeitos protectores para a saúde. A disponibilidade total de óleo de farelo de arroz na Índia é de 6 milhões de toneladas. A produção indiana de óleo de farelo de arroz é de cerca de 400.000 toneladas, das quais apenas 50% são de qualidade comestível e 50% do total de óleo de farelo de arroz disponível não é utilizado devido a várias razões. Devem ser tomadas as medidas necessárias para aumentar a produção de óleo de farelo de arroz.

Janahiraman Krishnakumar et al. [14] discutiram os aspectos técnicos da produção de biodiesel a partir de óleos vegetais. Na primeira etapa da sua investigação experimental, o óleo de farelo de arroz comestível utilizado como material de teste foi convertido em éster metílico e o óleo vegetal de pinhão manso não comestível foi convertido em éster metílico de óleo de pinhão manso, que são conhecidos como biodiesel, e foram preparados na presença de um catalisador ácido homogéneo e optimizados os seus parâmetros operacionais, como a temperatura de reação, a quantidade de álcool e o requisito de catalisador, a taxa de agitação e o tempo de esterificação. Na segunda etapa, as propriedades físicas como a densidade, o ponto de inflamação, a viscosidade cinemática, o ponto de turvação e o ponto de fluidez foram determinadas para os óleos vegetais acima referidos e os seus ésteres metílicos. As caraterísticas como a densidade, a viscosidade, o ponto de inflamação, o ponto de turvação e o ponto de fluidez estavam dentro das especificações das normas ASTM. O mesmo estudo de caraterísticas foi também efectuado para o gasóleo, a fim de obter os dados de base para análise. Os valores obtidos com o éster metílico do óleo de farelo de arroz e com o éster metílico do óleo de pinhão-manso corresponderam aos valores do gasóleo convencional e podem ser utilizados no motor a gasóleo existente sem qualquer modificação do hardware. Na terceira etapa, foram também estudadas as caraterísticas de armazenamento do biodiesel. Por fim, concluiu-se que, com base nos ensaios de campo e no armazenamento, o biodiesel de óleo de pinhão-manso e de óleo de farelo de arroz pode ser recomendado como combustível, se os ensaios de desempenho do motor apresentarem resultados satisfatórios.

Young-Cheol Bak et al. [15] investigaram a transesterificação do óleo de farelo de arroz para produzir o biodiesel. As condições experimentais incluíram a razão molar entre o óleo de farelo de arroz e o álcool (1:3, 1:5, 1:7), a concentração do catalisador utilizado (0,5, 1,0 e 1,5 wt %), os tipos de catalisadores (metóxido de sódio, NaOH e KOH), as temperaturas de reação (30, 45 e 60°C) e os tipos de álcoois (metanol, etanol e butano). A conversão do óleo de farelo de arroz aumentou com a proporção de mistura de álcool e com a temperatura de reação. O metóxido de sódio foi o mais eficaz entre os catalisadores. A conversão aumentou com a concentração do catalisador, mas aumentou ligeiramente acima de 1,0 wt%. A melhor conversão foi obtida utilizando metanol com óxido de sódio. Neste caso, a conversão de 98% foi alcançada em 1 hora.

Lin Lin et al. [16] relataram uma investigação sobre a produção bem sucedida de biodiesel por transesterificação de óleo de farelo de arroz bruto (RBO). O processo incluiu três etapas. Em primeiro lugar, o valor ácido do RBO foi reduzido para menos de 1 mg KOH/g através de um processo de pré-tratamento em duas etapas na presença de um catalisador de ácido sulfúrico. Em segundo lugar, o produto preparado a partir do primeiro processo foi objeto de eterificação com um catalisador alcalino. Nesta fase, foi estudada a influência de quatro variáveis na eficiência da conversão em éster metílico, ou seja, a razão molar metanol/RBO, a quantidade de catalisador, a temperatura de reação e o tempo de reação. O teor de éster metílico foi analisado por análise cromatográfica. Através de uma análise ortogonal dos parâmetros num teste de quatro factores e três níveis, foram obtidas as condições de reação óptimas para a transesterificação: razão molar metanol/RBO 6:1, quantidade de KOH 0,9% p/p, temperatura de reação 60 °C e tempo de reação 60 min. Na terceira etapa, o éster metílico preparado a partir da segunda etapa de processamento foi refinado para se tornar biodiesel. As propriedades do combustível do biodiesel RBO foram estudadas e comparadas de acordo com as normas ASTM D6751-02 e DIN V51606 para o biodiesel. A maioria das propriedades do combustível cumpriu os limites prescritos nas normas supramencionadas. O consequente teste do motor mostrou uma potência semelhante à do gasóleo normal. Os testes de emissões mostraram uma diminuição acentuada de CO, HC e PM, no entanto, com um ligeiro aumento de NOX. O biodiesel obtido pelo processo acima descrito era de boa qualidade e pode ser utilizado como combustível alternativo em motores diesel actuais sem quaisquer modificações dispendiosas. Através de métodos químicos simples, um RBO de baixa qualidade e subutilizado foi utilizado para produzir biodiesel. Prevê-se que a produção de RBO seja mais económica do que a de biodiesel a partir de óleo vegetal refinado.

G. Venkata Subbaiah et al. [17] investigaram as caraterísticas de desempenho e de emissões do gasóleo convencional, do biodiesel de óleo de farelo de arroz, da mistura de gasóleo e biodiesel e das misturas de gasóleo-biodiesel-etanol num motor diesel de um cilindro. As conclusões do inquérito foram as seguintes:

1. A eficiência térmica de travagem máxima de 28,2% foi observada com a mistura B10E15. A BSFC do biodiesel e de todas as outras misturas de combustível foi superior à do gasóleo.

2. A temperatura dos gases de escape da mistura B10E15 foi ligeiramente inferior à do gasóleo em toda a gama

de carga do motor.

3. As emissões de CO do biodiesel e de todas as outras misturas de combustível foram inferiores às do gasóleo. As emissões mínimas de CO foram observadas com a mistura B10E15, muito abaixo do gasóleo e do biodiesel.

4. As emissões de HC aumentaram com o aumento da percentagem de etanol nas misturas de gasóleo-biodiesel-etanol, mas foram inferiores às do gasóleo a cargas mais elevadas no motor.

5. As emissões de NOx do biodiesel e de todas as outras misturas de combustível foram baixas a cargas mais baixas e elevadas a cargas mais altas, em comparação com o gasóleo

6. As emissões de CO2 do biodiesel e de todas as outras misturas de combustível foram superiores às do gasóleo.

S. Saravanan et al. [18] tentaram testar a viabilidade do éster metílico do óleo de farelo de arroz bruto (CRBME), derivado do óleo de farelo de arroz bruto (CRBO) com elevado teor de ácidos gordos livres (AGL) através de um processo de transesterificação em duas fases, como combustível para um motor de ignição por compressão (IC) de veículos pesados, ou seja, um motor diesel em forma de mistura. Durante o funcionamento com a mistura CRBME, foram observadas reduções significativas nas emissões de CO, UBHC e partículas, com um aumento marginal das emissões de NOx em relação ao gasóleo. A eficiência térmica de travagem do motor diminuiu marginalmente para a mistura CRBME quando comparada com o gasóleo. Para além da viabilidade técnica, foi também analisada a viabilidade económica da mistura CRBME como combustível para motores de ignição por compressão, comparando o seu custo horário de combustível com a mistura CRBO e o gasóleo. Verificou-se que o custo horário do combustível da mistura CRBME é superior ao da mistura CRBO e ao do gasóleo. Os cálculos mostraram que o custo horário do combustível da mistura CRBME, quando utilizada num motor estacionário, aumenta 50%, enquanto o de um motor automóvel aumenta 45%, quando comparado com o gasóleo. Os resultados experimentais mostraram que, como combustível para um motor diesel pesado, a mistura CRBME apresenta melhores caraterísticas em termos de emissões do que o diesel, com um aumento marginal das emissões de NOx.

A investigação de **Rambabu Kantipudi et al. [19]** centrou-se na tendência atual de reduzir as emissões de escape dos motores para cumprir as normas estabelecidas pelo Euro/Bharat Pollution Boards, juntamente com a substituição do gasóleo por combustíveis alternativos renováveis, tendo em conta o possível esgotamento das reservas de petróleo. O estudo efectuado consistiu em utilizar o biodiesel (éster metílico de farelo de arroz) como substituto total do gasóleo de petróleo. Em vez de ar aquecido com a técnica de carburação, experimentou-se o aquecimento em linha do etanol combustível antes de ser carburado na extremidade de aspiração, tendo em vista que a eficiência volumétrica do motor não foi afetada. Observou-se uma melhoria do desempenho do motor e das emissões de escape no motor adaptado.

Ram Prakash et al. [20] investigaram a análise do desempenho do motor de ignição por compressão utilizando combustíveis alternativos como o óleo de farelo de arroz e o seu éster após esterificação para diferentes cargas do motor de 1,8 kg a 6,6 kg e diferentes proporções de mistura como B0, B25, B50, B75 e B100. Em diferentes proporções de mistura e diferentes condições de carga, foram estudadas as emissões de escape em termos de emissão de CO, emissão de HC, temperatura dos gases de escape, densidade dos fumos e análise comparativa do desempenho. Os resultados obtidos foram satisfatórios.

R. O objetivo de **Ragu et al. [21]** era investigar o efeito do óleo de farelo de arroz pré-aquecido no desempenho e nas caraterísticas de emissão de um motor de injeção direta (DI) como substituto do biodiesel de farelo de arroz. Foram realizadas experiências num motor diesel de injeção direta, estacionário e a velocidade constante, tendo sido investigados o desempenho e as emissões. O motor foi alimentado com gasóleo, biodiesel de farelo de arroz (éster metílico), óleo de farelo de arroz puro e óleo de farelo de arroz pré-aquecido com tempos de injeção e pressões de injeção normais em diferentes condições de carga e os desempenhos foram comparados. Com a ajuda de um permutador de calor e utilizando os gases de escape, o óleo de farelo de arroz foi pré-aquecido. Verificou-se que o óleo de farelo de arroz pré-aquecido apresenta um desempenho mais próximo do biodiesel de farelo de arroz.

GVNSR Ratnakara Rao et al. [22] tentaram descobrir a taxa de compressão óptima de um motor C.I. a gasóleo. Foram realizadas experiências num motor diesel monocilíndrico a quatro tempos com uma taxa de compressão variável. Os ensaios foram efectuados com taxas de compressão de 13,2, 13,9, 14,8, 15,7, 16,9, 18,1 e 20,2. Os resultados mostraram uma melhoria significativa do desempenho e das caraterísticas de emissão a uma taxa de compressão de 14,8. As taxas de compressão inferiores a 14,8 e superiores a 14,8 revelaram uma diminuição da eficiência térmica do travão, um aumento do consumo de combustível e um aumento da densidade dos fumos.

R. Anand et al. [23] investigaram o desempenho e as emissões de um motor diesel de taxa de compressão variável alimentado com éster metílico de óleo de semente de algodão. Foram preparadas misturas com gasóleo em quatro composições diferentes, variando de 5% a 20% em passos de 5%. Os ensaios foram realizados num motor diesel monocilíndrico de taxa de compressão variável a uma velocidade constante de 1500 rpm. A eficiência térmica de travagem mais elevada e o consumo específico de combustível mais baixo foram observados para a mistura de biodiesel a 5% para uma taxa de compressão de 15 e 17 e para a mistura de biodiesel a 20% para uma taxa de compressão de 19. A mistura de 20% de biodiesel a uma taxa de compressão de 17 teve uma emissão máxima de óxido nítrico de 205 ppm, enquanto que para o gasóleo foi de 155 ppm. Observou-se uma redução substancial das emissões de monóxido de carbono e de fumo em toda a gama de taxas de compressão e cargas. As caraterísticas de libertação de calor melhoradas foram observadas para os biodieseis preparados. Os resultados revelaram que os biodieseis podem ser utilizados com segurança sem qualquer modificação do motor.

2.2 Lacuna na literatura

Foram efectuados muitos trabalhos sobre a transesterificação de óleos comestíveis. A extração de biodiesel através da transesterificação de óleos não comestíveis tem sido objeto de um número limitado de trabalhos. Na Índia, o elevado custo dos óleos alimentares impede a sua utilização na preparação de biodiesel. Mas os óleos não comestíveis são acessíveis para a produção de biodiesel. O custo associado ao biodiesel é reduzido devido ao baixo custo dos óleos não comestíveis. O conhecimento do biodiesel extraído do óleo de farelo de arroz bruto é muito reduzido. Foram efectuados poucos trabalhos sobre o desempenho dos motores e a análise das emissões com ésteres metílicos de óleo de farelo de arroz bruto. A Índia é o segundo maior produtor de arroz do mundo e a sua produção atual de óleo de farelo de arroz é de cerca de 400 000 toneladas, das quais apenas 50% são de qualidade comestível. 50% do total de óleo de farelo de arroz disponível não é utilizado devido a várias razões. Assim, devido ao desconhecimento dos benefícios deste óleo não utilizado para a extração de biodiesel, tem sido realizado um número limitado de trabalhos de investigação sobre a sua utilização em motores diesel.

2.3 Objetivo do presente trabalho

1. Extrair biodiesel de óleo de farelo de arroz bruto e de óleo de farelo de arroz.

2. Avaliar o desempenho e a análise das emissões de um motor de ignição por compressão alimentado com diferentes misturas de biodiesel extraído de óleo de farelo de arroz bruto e de óleo de farelo de arroz.

3. Otimizar a taxa de compressão de um motor de ignição por compressão de taxa de compressão variável utilizando uma mistura de éster metílico de farelo de arroz.

4. Comparar o éster metílico do farelo de arroz bruto e o éster metílico do farelo de arroz com base nas caraterísticas de desempenho e de emissões.

Capítulo 3

Conceção experimental e experimentação

3.1 Introdução

Este capítulo descreve o motor a gasóleo utilizado para a experimentação. O banco de ensaio foi desenvolvido internamente com todos os instrumentos necessários para a realização da experimentação. A Fig. 3.1 mostra a vista geral do banco de ensaio, juntamente com os instrumentos utilizados nas presentes investigações. O diagrama esquemático da instalação experimental, juntamente com todos os instrumentos, é apresentado na Fig. 3.3. Este motor, juntamente com o gerador, é amplamente utilizado no país, principalmente para fins agrícolas e para muitos fins comerciais de pequena e média escala. Além disso, o equipamento de ensaio experimental é fácil de desenvolver e requer menos manutenção. Assim, este sistema foi escolhido para examinar a utilidade prática do biodiesel em tais aplicações.

3.1 Metodologias de preparação do biodiesel

Aqui, começando pela matéria-prima utilizada para a produção de biodiesel, juntamente com o seu método, é explicado cada passo da produção de biodiesel. Também são discutidas várias propriedades do biodiesel preparado.

3.1.1 Material

Foram utilizados os seguintes materiais:

1. Óleo de farelo de arroz em bruto

2. Óleo de farelo de arroz refinado

3. Metanol (álcool metílico)

4. Hidróxido de potássio (KOH) como catalisador de base

5. Ácido sulfúrico (H_2SO_4) como catalisador ácido

O óleo de farelo de arroz bruto desparafinado e degomado foi fornecido pela A. P. Refinery Private Limited, Jagron, Punjab (Índia). O óleo de farelo de arroz refinado, popularmente conhecido como Ricela, foi adquirido numa loja local de abastecimento geral . O metanol, o hidróxido de potássio (KOH) e o ácido sulfúrico (H_2SO_4) estavam disponíveis no laboratório da MERADO Ludhiana, Punjab. A transesterificação foi efectuada num agitador de banho-maria.

3.1.2 Preparação do biodiesel

Uma vez que foram utilizados dois óleos diferentes para a extração de biodiesel, foram utilizados dois processos diferentes. Devido ao elevado teor de ácidos gordos livres (FFA) do óleo de farelo de arroz bruto, foi efectuado um processo de transesterificação em duas fases, que inclui uma transesterificação catalisada por ácido seguida de uma transesterificação catalisada por base. No caso do óleo de farelo de arroz refinado, foi efectuada uma transesterificação catalisada por base numa única fase.

3.1.3 Preparação de Biodiesel de Óleo de Farelo de Arroz Bruto (Transesterificação em Duas Etapas)

Primeira fase (Transesterificação catalisada por ácido)

1. Colocou-se uma quantidade conhecida de petróleo bruto num frasco cónico.
2. O óleo no balão foi então aquecido numa placa de aquecimento até uma temperatura de 60°C.
3. Uma mistura de uma quantidade conhecida de ácido sulfúrico (H_2SO_4) como catalisador ácido e metanol foi então misturada com o petróleo bruto pré-aquecido.
4. A mistura de óleos pré-aquecida foi então submetida a 1 hora de agitação constante a uma temperatura constante de 60°C num agitador de banho-maria.
5. Após 1 hora de agitação constante, a mistura foi vertida para uma ampola de decantação para que as impurezas se depositassem.
6. Após 4-5 horas, as impurezas sedimentadas são separadas do óleo restante.

Segunda fase (transesterificação catalisada por base)

7. A quantidade de óleo restante foi medida e novamente aquecida a 60°C.

8. Uma mistura de uma quantidade conhecida de hidróxido de potássio (KOH) como catalisador de base e metanol foi então misturada com o restante óleo pré-aquecido.

9. A mistura de óleos pré-aquecida foi novamente submetida a 1 hora de agitação constante a uma temperatura constante de 60°C num agitador de banho-maria.

10. Após 1 hora de agitação constante, a mistura foi vertida numa ampola de decantação para que o glicerol se depositasse.

11. Após 2-3 horas de estabilização, o glicerol é separado e removido.

12. O restante é o éster metílico (biodiesel) do óleo de farelo de arroz bruto (rendimento de 82%), que é posteriormente purificado através de lavagem e secagem para remoção do excesso de KOH, metanol e água.

3.14 Fase única (transesterificação catalisada por bases)

1. Introduziu-se uma quantidade conhecida de óleo de farelo de arroz num frasco cónico.

2. O óleo no balão foi então aquecido numa placa de aquecimento até uma temperatura de 60°C.

3. Uma mistura de uma quantidade conhecida de hidróxido de potássio (KOH) como catalisador de base e metanol foi então misturada com o óleo.

4. A mistura de óleos pré-aquecida foi então submetida a 1 hora de agitação constante a uma temperatura constante de 60°C num agitador de banho-maria.

5. Após 1 hora de agitação constante, a mistura foi vertida numa ampola de decantação para que o glicerol se depositasse.

6. Após 2-3 horas de estabilização, o glicerol é separado e removido.

7. O restante é éster metílico (biodiesel) de óleo de farelo de arroz refinado (rendimento de 90%), que é purificado por lavagem e secagem para remoção do excesso de KOH, metanol e água.

3.1.5 Foram avaliados vários parâmetros de propriedade utilizando os respectivos métodos de ensaio.

Property Parameters	Test Method	Rice Bran Di-ethyl ether
Relative Density	Hydrometer, IS: 1448 [P: 32]: 1992	0.877
Viscosity at 40 °C, mm²/sec	Redwood Viscometer, IS : 1448 [P: 25] 1976	3.57
Carbon Residue, % by mass	Carbon Residue Apparatus, ASTM D189- IP 13 of IIP	0.244
Ash Content, % by mass	Electric Muffle Furnace, ASTM D482-IP 4of IIP	0.29
Flash point, °C	Closed cup flash and fire point apparatus, IS: 1448 [P: 32]: 1992	210
Fire point, °C	Closed cup flash and fire point apparatus, IS: 1448 [P: 32]: 1992	215
Calorific value, (kcal/kg)	Bomb Calorimeter, IS:1350 [P: 2]: 1940, Reaff. 1994	9812
FFA content (%)	Titration with 0.1N Noah	0.25
Cloud point, °C	Cloud and Pour point apparatus, IS: 1448 [P: 10]: 1970	0

Quadro 3.1 Propriedades do éster metílico do farelo de arroz bruto

3.1.6 Preparação de Biodiesel de Óleo de Farelo de Arroz Refinado (Transesterificação de Fase Única)

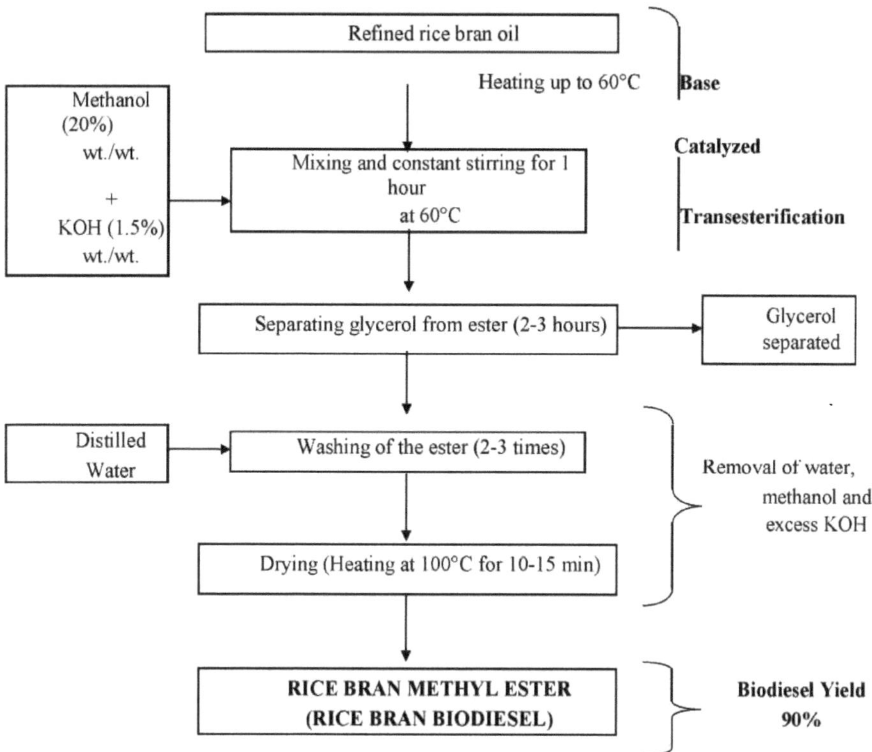

Figura 3.1 Diagrama esquemático do procedimento utilizado para a produção de biodiesel de farelo de arroz

3.1.7 Propriedades do éster metílico do farelo de arroz

Property Parameters	Test Method	Rice Bran Methyl ester
Relative Density	Hydrometer, IS: 1448 [P: 32]: 1992	0.8642
Carbon Residue, % by mass	Carbon Residue Apparatus, ASTM D189-	0.18
Ash Content, % by mass	Electric Muffle Furnace, ASTM D482-IP	0.24
Flash point, °C	Closed cup flash and fire point apparatus,	158
Fire point, °C	Closed cup flash and fire point apparatus, IS: 1448 [P: 32]: 1992 IS: 1448 [P: 32]: 1992	163
Calorific value, (kcal/kg)	Bomb Calorimeter, IS:1350 [P: 2]: 1940,	9918
FFA content (%)	Titration with 0.1N NaOH	0.08
Cloud point, °C	Cloud and Pour point apparatus, IS: 1448 [P: 10]: 1970 [P: 10]: 1970	2

Quadro 3.2 Propriedades do éster metílico do farelo de arroz

3.2 Descrição do motor

O motor diesel selecionado para a experimentação é da marca Kirloskar Oil Engines Limited, Índia. Trata-se de um motor diesel monocilíndrico, a 4 tempos, arrefecido a água, com uma potência nominal de 5 cv. O motor de injeção direta CI que foi concebido para a combustão de gasóleo de petróleo. O injetor de combustível está localizado perto do centro da câmara de combustão. O equipamento de ensaio do motor a gasóleo monocilíndrico é constituído por uma máquina geradora acoplada a uma célula de carga e é utilizado para carregar o motor. O arranque do motor é efectuado por arranque manual com a ajuda de um manípulo destacável do tipo lingueta. O combustível é fornecido ao motor a partir do depósito de combustível através do filtro de combustível após a medição do combustível com uma bureta. A pressão e a temperatura do ar fornecido ao motor também são medidas. A rotação é feita no sentido dos ponteiros do relógio em direção ao volante do motor. Está montado um regulador centrífugo para manter a velocidade constante. O motor está corretamente equilibrado e o volante está equilibrado estaticamente para o bom funcionamento do trabalho experimental. [A Tabela 3.3 apresenta as especificações do motor diesel utilizado na experiência.

Figura 3.2 Equipamento de ensaio com todo o equipamento

Engine manufacturer	Kirloskar Oil Engines Limited, India
Engine type	Vertical, 4-stroke, Single cylinder, DI
Cooling	Water cooled
Dynamometer	Eddy current dynamometer
Rated power	3.7 kw at 1500 rpm
Horse power	6.5
Bore/Stroke	80/110 (mm)
Compression Ratio	16.5:1
Injection pressure	200kg/cm^2
Volts	240
Amps	17.5
Engine weight (kg)	175

3

Tabela 3.3 Especificações do equipamento de ensaio

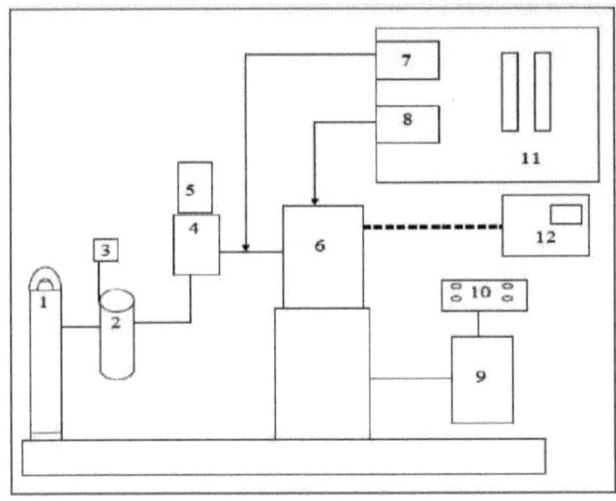

Figura 3.3 Esquema do equipamento de ensaio

1. Fonte de alimentação 2. Regulador de pressão

3. Medidor rotativo

4. Válvula de segurança

5. Motor Diesel

6. Tanque de compensação de ar

7. Gerador

8. Célula de carga

9. Painel de controlo

3.3 Instrumentos utilizados no trabalho experimental

Os vários instrumentos que são utilizados para medir os diferentes parâmetros para estudar as caraterísticas de emissão e desempenho do motor diesel são discutidos nesta rubrica.

3.3.1 Medição da temperatura

A temperatura da mistura de admissão e dos gases de escape é medida utilizando um termopar do tipo K com um seletor de 6 canais e um medidor de painel digital, conforme indicado na figura 3.4.

Figura 3.4 Indicador de temperatura

3.3.2 Medição da velocidade

A velocidade do motor é medida utilizando o tacómetro, como mostra a figura 3.5. Um tacómetro (contador de rotações, medidor de RPM) é um instrumento que mede a velocidade de rotação de um eixo. O dispositivo apresenta as rotações por minuto (RPM) num visor digital calibrado. Mede a velocidade de rotação através de um feixe de luz vermelha visível proveniente de um LED potente. É uma óptima ferramenta para medir as RPM de motores e peças de máquinas. Para efetuar a medição, aplicamos uma marca reflectora (incluída na embalagem) no objeto alvo, apontamos o raio laser para a marca e as RPM são apresentadas no ecrã LCD.

Figura 3.5 Tacómetro digital

3.3.3 Medição do consumo de combustível e do caudal de ar

A medição do consumo de combustível e do caudal de ar é muito importante, uma vez que o desempenho do motor só pode ser medido com precisão depois de se conhecer o combustível consumido. A figura 3.6 mostra o método utilizado para medir o consumo de combustível.

Figura 3.6 Medição do consumo volumétrico de combustível

Os dois tipos básicos de métodos de medição do combustível são o tipo volumétrico e o tipo gravimétrico. O método mais simples de medição do consumo volumétrico de combustível é o tipo volumétrico, utilizando uma bureta de volume conhecido e fazendo-lhe marcações. O tempo que o motor leva a consumir este volume conhecido é medido por um cronómetro. A figura 3.7 mostra o método utilizado para medir o caudal de ar volúmico. Mede-se também a diferença de pressão entre a pressão atmosférica e o ar de admissão ao motor.

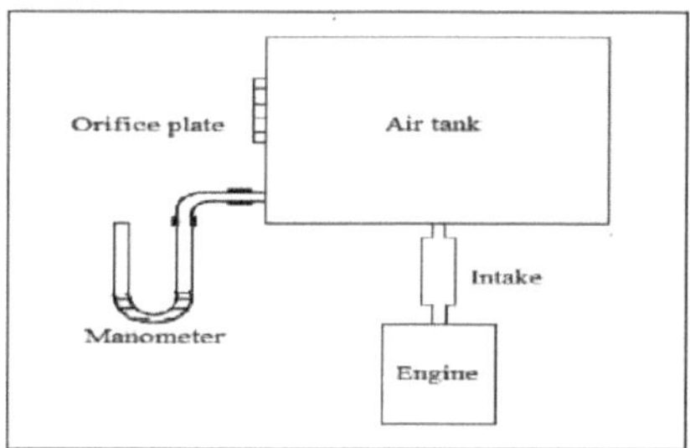

Figura 3.7 Medição dos caudais de ar

3.3.4 Medição da potência de travagem

A medição da potência de travagem envolve a determinação do binário e da velocidade angular do veio de saída do motor. Por cada rotação do veio, a periferia do rotor uma distância $2\pi r$ contra a força de acoplamento F. Assim, o trabalho realizado por rotação é: $W = 2\pi RF$

Figura 3.8 Gerador acoplado ao motor

Além disso, a alimentação deste gerador é fornecida a uma célula de carga eléctrica que contém 5 tubos de aquecimento de 500 watts cada, como se mostra na figura 3.9. Estes tubos podem ser ligados para aplicar uma carga no motor até 2500 W. Também contém a unidade de visualização que mostra as leituras da tensão e da corrente que mudam consoante a carga aplicada.

Figura 3.9 Célula de carga eléctrica e unidade de visualização

3.3.5 Medição das emissões de gases de escape

As substâncias que são emitidas para a atmosfera a partir da porta de escape do motor são designadas por emissões de escape. Se a combustão for completa e a mistura for estequiométrica, os produtos da combustão serão constituídos apenas por dióxido de carbono (CO_2) e vapor de água.

3.3.6 Análise das emissões de gases de escape

Os gases de escape são constituídos por uma variedade de componentes, sendo os mais importantes o CO, o CO_2, os UBHC, os NOX e os fumos. Para a análise das emissões de escape, foi utilizado o analisador Neptune Multitask. Este analisador mede as emissões de CO e UBHC. Este instrumento fornece a leitura dos fumos em termos de percentagem de opacidade. As Fig. 3.10 e Fig. 3.11 mostram ambos os instrumentos.

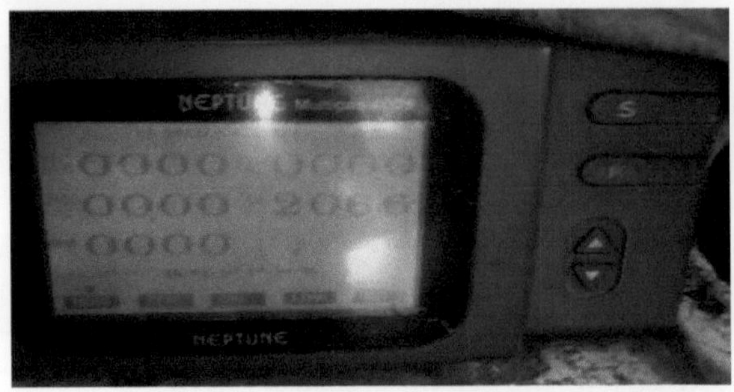

Figura 3.10 Analisador de gases de escape

Figura 3.11 Medidor de fumo

No analisador de gases, é efectuado um método de separação dos constituintes individuais de uma mistura e, em seguida, um método para assegurar a sua concentração. Após a separação, cada composto pode ser analisado separadamente quanto à concentração. Este é o único método através do qual cada componente existente numa amostra de gases de escape pode ser identificado e analisado.

Capítulo 4

Resultados e discussões

4.1 Introdução

Para obter os dados da linha de base do motor, primeiro a experimentação é efectuada com gasóleo e depois com misturas de óleo de farelo de arroz e éter dietílico (5%, 10% e 15%). **4.2 Investigações experimentais e resultados**

Foram efectuados vários trabalhos para confirmar que o motor estava a funcionar em condições estáveis, tendo sido registados vários dados enquanto o motor estava a funcionar. Estes dados incluem:

- Velocidade
- Consumo de combustível
- Potência, (calculada a partir da velocidade e do binário)
- Temperatura dos gases de escape
- Fluxo de ar de massa
- Análise das emissões

A principal utilização destes dados é confirmar que as condições do motor eram semelhantes para cada mistura de combustível ensaiada, ou dentro de uma gama de cerca de 2%, e que o gasóleo puro é utilizado como referência para todas as misturas. Estes dados podem também ser utilizados para explicar os resultados das emissões e a forma como podem estar relacionados com as alterações das propriedades do combustível. Além disso, as temperaturas de escape são úteis para diagnosticar o comportamento do hidrogénio no motor.

4.3 Caraterísticas de desempenho na adição com RBO e éter dietílico

O desempenho do motor é avaliado com base em parâmetros:

- Potência do travão

> Eficiência térmica do travão

> Consumo específico de combustível nos travões.

> Consumo específico de energia nos travões

> Temperatura dos gases de escape

4.3.1 Efeito na potência do cavalo-freio (BHP)

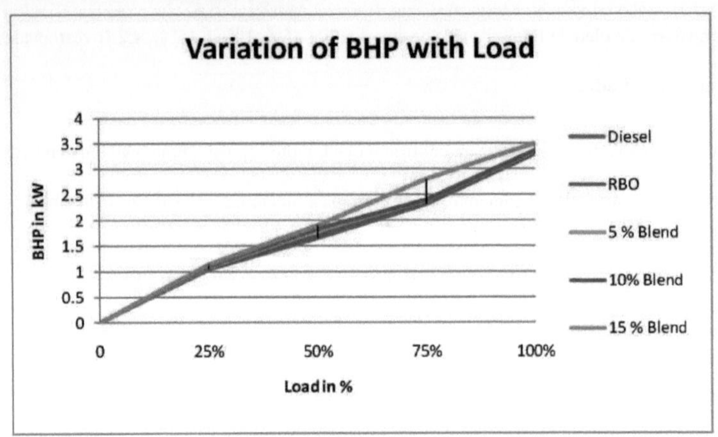

Gráfico 4.1 Variação da potência do cavalo-freio (kW)

4.3.2 Efeito na eficiência térmica do travão (η)

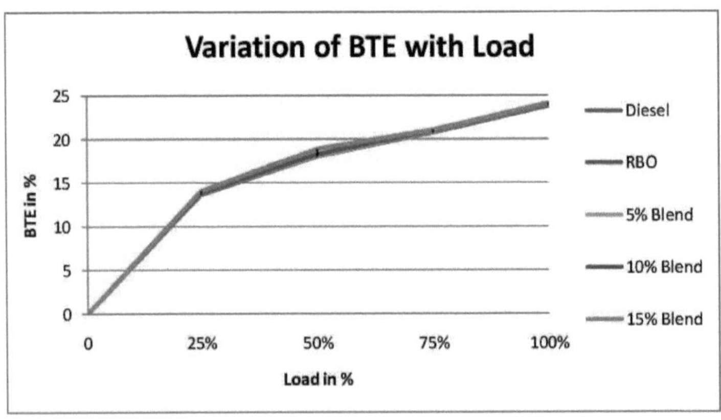

Gráfico 4.2 Variação da eficiência térmica do travão (η)

4.3.3 Efeito no consumo específico de combustível no travão (BSFC)

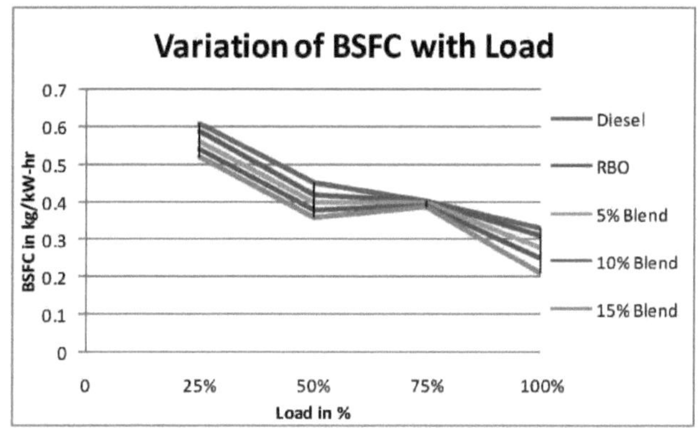

Gráfico 4.3 Variação do consumo específico de combustível à travagem

4.3.4 Efeito no consumo específico de energia nos travões (BSEC)

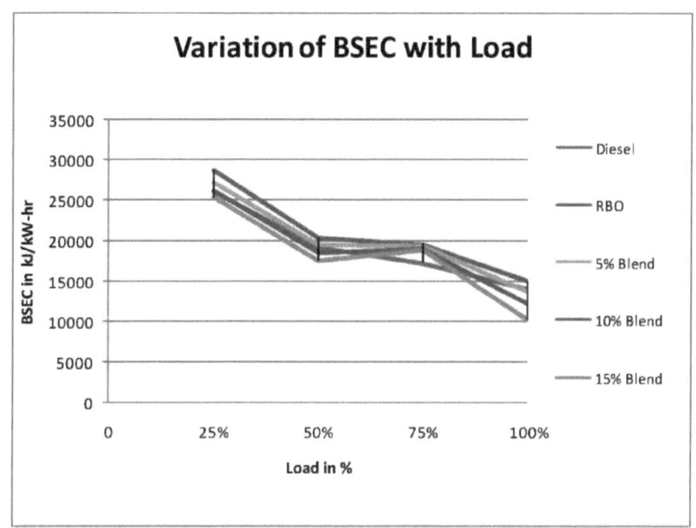

Gráfico 4.4 Variação do consumo específico de energia no freio

4.4 Caraterísticas de emissão na adição com RBO e éter dietílico

O fumo e outras emissões de gases de escape, tais como óxidos de azoto, hidrocarbonetos não queimados, etc., são incómodos para o ambiente público. Com a crescente ênfase no controlo da poluição atmosférica, estão a ser envidados todos os esforços para manter as emissões tão baixas quanto possível. Limita o rendimento de um motor se o controlo da poluição atmosférica for tido em consideração. As emissões de escape tornaram-se ultimamente uma questão de grande preocupação e, com a aplicação da legislação sobre a poluição atmosférica em muitos países, tornou-se necessário considerá-las como parâmetros de desempenho. Assim, esta rubrica avalia as emissões de fumos e de gases de escape.

4.4.1 Efeito sobre o CO

O gráfico 4.5 mostra as emissões de CO. A exceção para a carga 3 pode ser devida à alteração observada nas propriedades da mistura de combustível. Em geral, o CO diminui à medida que a carga aumenta, e a quantidade de CO aumenta com a adição de oxigénio.

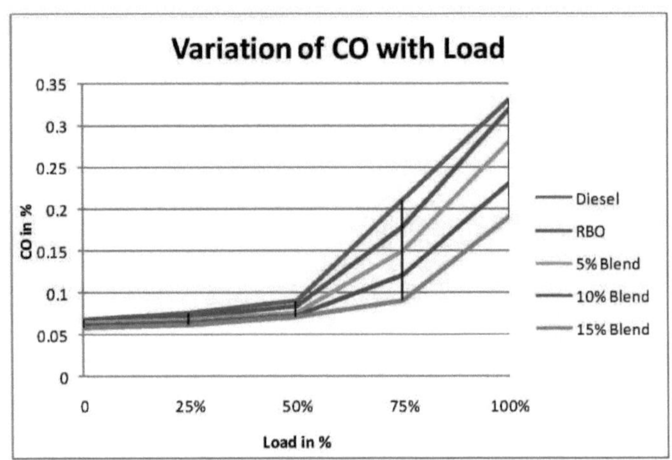

Gráfico 4.5 Variação da percentagem de CO

4.4.2 Efeito sobre o HC

Na combustão ideal, o ar mistura-se completamente com o combustível atomizado. A realidade é diferente; existem zonas que são deficientes em oxigénio. No entanto, estas zonas sofrem o aquecimento da combustão, o que leva à decomposição térmica. Esta decomposição pode criar cadeias de hidrocarbonetos de menor comprimento e HCs potencialmente tóxicos. A variação da emissão de HC para diferentes misturas a várias cargas é indicada no gráfico 4.6 O oxigénio incorporado no combustível ajuda a reduzir as emissões de hidrocarbonetos.

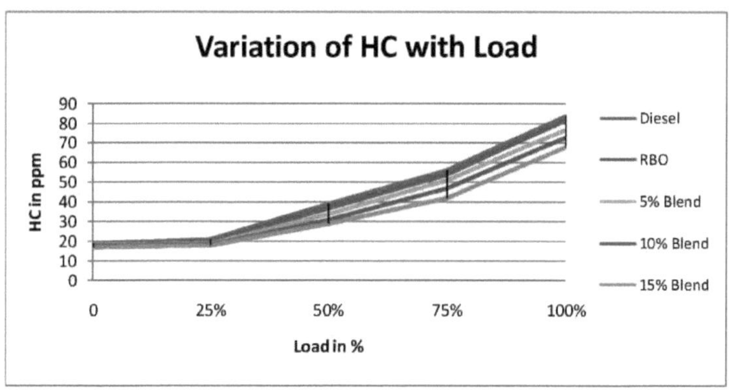

Gráfico 4.6 Variação da percentagem de HC

4.4.3 Efeito no CO_2

A emissão de CO_2 aumentou com o aumento da carga para todas as misturas. O gráfico 4.7 mostra o efeito no CO_2 com a alteração das condições de carga. A percentagem mais baixa de misturas de gasóleo emite menos quantidade de CO_2 em comparação com o gasóleo. Isto deve-se ao facto de o gasóleo ser um combustível com baixo teor de oxigénio e ter uma relação carbono elementar/hidrogénio inferior.

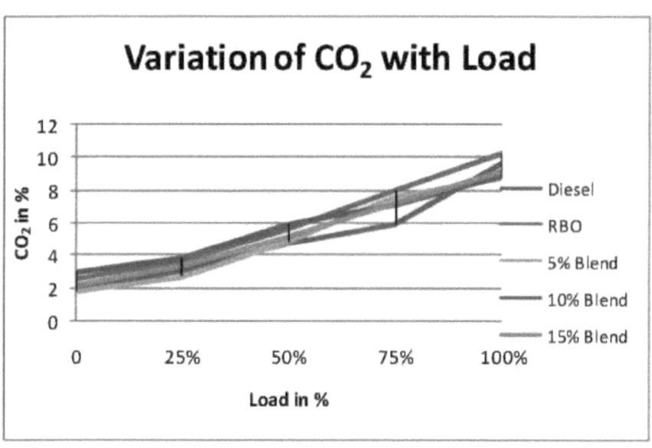

Gráfico 4.7 Variação da percentagem de CO_2

4.4.4 Efeito no fumo

As emissões de fumo ou de partículas são motivo de preocupação por razões de saúde, ambientais, legislativas e estéticas. O gráfico 4.8 mostra os níveis típicos de fumo para várias cargas do motor com.

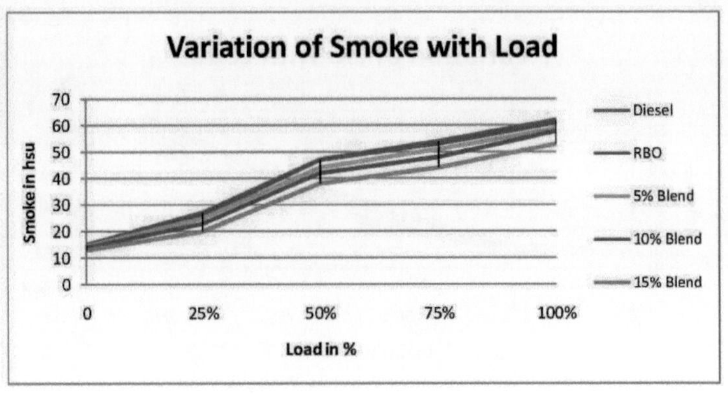

Gráfico 4.8 Variação da % de fumo

É possível ver que as misturas de óleo de farelo de arroz e de éter dietílico produzem níveis de fumo inferiores aos dos seus homólogos a gasóleo para as condições de carga e velocidade correspondentes. O gráfico confirma claramente que a oxigenação reduz a quantidade total de fumo e, por uma margem mais significativa, reduz o número total de partículas de carbono.

A comparação dos dois combustíveis mostra que as emissões de gases de escape diminuíram de forma notável. O valor de todas as partículas no escape foi reduzido. Verifica-se uma redução significativa das emissões de HC no caso de uma mistura de 5% de óleo de farelo de arroz e éter dietílico, como se observa no gráfico. Esta tendência de diminuição das emissões aumenta com a carga do motor. No gráfico, pode observar-se uma melhor tendência decrescente no caso da emissão de CO a cargas parciais e, de qualquer modo, a tendência manteve-se no funcionamento a plena carga do motor. Pode inferir-se que não há compromisso entre a emissão de HC e a emissão de NO com esta aplicação. Os níveis de fumo diminuíram obviamente com a mistura no contexto da disponibilidade de oxigénio. Curiosamente, os níveis de dióxido de carbono diminuíram.

Capítulo 5

CONCLUSÕES E ÂMBITO FUTURO

5.1 Introdução

O presente trabalho tem por objetivo estudar a produção, o desempenho do motor e as caraterísticas das emissões de escape do éster metílico do farelo de arroz bruto e do éster metílico do farelo de arroz.

Com base nos resultados do presente trabalho, são tiradas as seguintes conclusões:

5.1.1 Produção de biodiesel: É necessário um processo de transesterificação em duas fases para a produção de ésteres metílicos a partir de óleo de farelo de arroz em bruto (FFA mais elevado), que inclui uma transesterificação catalisada por ácido com ácido sulfúrico (H_2SO_4) como catalisador, seguida de uma transesterificação catalisada por base com hidróxido de potássio (KOH) como catalisador de base. Para o óleo de farelo de arroz, é necessária uma transesterificação catalisada por base numa única fase com hidróxido de potássio (KOH) como catalisador de base.

5.2 ÂMBITO FUTURO

A procura mundial de energia está a aumentar de dia para dia. A maior parte desta procura é assegurada pelos combustíveis fósseis. O gasóleo de petróleo, por ser mais barato, atraiu a atenção das pessoas para a sua utilização como combustível nos motores diesel, o que fez aumentar o número de veículos a gasóleo. Para um país importador de petróleo como a Índia, este facto constitui uma grande preocupação. Devido ao rápido aumento da procura de gasóleo de petróleo, o biodiesel como combustível alternativo é tomado em consideração. A seleção de matérias-primas baratas e disponíveis para a produção de biodiesel no país é a principal preocupação. O óleo de farelo de arroz é uma matéria-prima relativamente barata e disponível para a produção de biodiesel, uma vez que a Índia é o segundo maior produtor de arroz do mundo.

- O governo deve tentar utilizar corretamente o farelo de arroz não utilizado para a produção de biodiesel.

- Podem ser efectuados mais estudos para uma utilização adequada dos subprodutos do óleo de farelo de arroz bruto e do biodiesel preparado.

- Deve ser feito um estudo sobre a estabilidade a longo prazo das misturas de biodiesel estudadas em automóveis, tractores, camiões, etc.

- Podem ser efectuadas mais investigações para a produção de óleo de farelo de arroz a partir de diferentes grupos alcoólicos para realizar vários testes de motores.

- A investigação experimental em motores de carga pesada, como camiões, pode ser feita para descobrir uma taxa de compressão óptima para melhorar o seu desempenho, juntamente com os efeitos do avanço da injeção e a cinética das emissões no motor C.I. com biodiesel.

Os resultados desta investigação conduzem às seguintes conclusões:

1. As misturas de óleo de farelo de arroz e de éter dietílico podem ser utilizadas como combustível suplementar em motores de ignição por compressão. O motor funciona de forma semelhante com a mistura de óleo de farelo de arroz e de éter dietílico e com o gasóleo, tal como se verifica nos dados relativos à estabilidade do motor.

2. No processo de utilização do óleo de farelo de arroz e dos produtos de éter dietílico para melhorar a eficiência de um motor de combustão interna, o auxiliar de combustão actua mais como um "catalisador" de combustão do que como um combustível. Estas melhorias na combustão também acrescentam energia ao processo de combustão e permitem que mais energia do combustível de hidrocarbonetos seja libertada nos cilindros do motor para produzir trabalho.

As conclusões da investigação realizada até agora conduzem a recomendações para trabalhos futuros, a fim de melhorar o funcionamento do motor, separando melhor as variáveis que afectam o desempenho e as emissões do motor.

5.3 Recomendações para investigação futura

Embora tenha sido demonstrado que o óleo de farelo de arroz e o éter dietílico podem ser utilizados em combinação com o combustível diesel num motor de ignição por compressão, a mistura de combustível e o funcionamento do motor podem ser optimizados para melhorar as emissões e a durabilidade do motor a longo prazo. Isto envolve vários factores, incluindo o aumento do teor de óleo de farelo de arroz e de éter dietílico na mistura, até ao ponto em que o motor ainda possa produzir velocidade e carga aceitáveis, com emissões melhoradas para um tempo de vida aceitável do motor e dos injectores de combustível. Note-se que, uma vez que o combustível está a ser utilizado num motor, existem não só efeitos químicos de o combustível e alterações no combustível à medida que a mistura é alterada, mas também efeitos mecânicos pelo motor, alguns dos quais resultam da alteração das misturas de combustível. Por conseguinte, um estudo mais aprofundado das emissões do motor depende da compreensão dos vários efeitos químicos e mecânicos.

Este trabalho de investigação ajudou a identificar muitos dos efeitos químicos e mecânicos. As alterações nas misturas de combustível estão relacionadas com alterações nas propriedades da mistura de combustível. Por conseguinte, acima de um determinado nível de mistura, é necessário ajustar o sistema de controlo do motor para obter um melhor atraso da ignição em conjunto com a regulação correta do motor. Para efetuar esta otimização, seria importante saber como se alteram as propriedades do combustível que afectam o atraso da ignição. Além disso, e mais significativamente, a compressibilidade do combustível está a mudar com o aumento do teor de óleo de farelo de arroz e de éter dietílico, o que tem uma relação desconhecida com o atraso da ignição. Além disso, as misturas de combustível têm um efeito desconhecido no desgaste do motor e do injetor e na taxa de desgaste, incluindo materiais metálicos e poliméricos. Por conseguinte, o trabalho futuro deve ser dividido nos três domínios seguintes:

5.3.1 Estudos das propriedades dos combustíveis

Para ajudar a explicar as alterações na libertação de calor das misturas de óleo de farelo de arroz e de éter dietílico, é importante compreender como as misturas de combustível de óleo de farelo de arroz e de éter dietílico mudam em termos de compressibilidade à medida que o teor de óleo de farelo de arroz e de éter dietílico aumenta numa gama de temperaturas. Além disso, não é claro se uma alteração da viscosidade ou da lubricidade com o aumento do teor de óleo de farelo de arroz e de éter dietílico está a afetar o desgaste e a taxa de desgaste dos injectores.

5.3.2 Otimização do motor para desempenho e emissões

Para determinar as condições óptimas de funcionamento do motor, deve ser estabelecida uma rede óptima de condições para orientar a otimização do motor em termos de desempenho e emissões.

5.3.3 Otimização do motor para durabilidade

Para determinar a capacidade de resistência do motor e do sistema de combustível, podem ser efectuadas muitas alterações no motor e a experiência pode ser realizada num motor multicilindro, podendo também ser utilizado um turbo e estudado o efeito do óleo de farelo de arroz e do éter dietílico.

Referências

[1] Mustafa Balat , Havva Balat "A critical review of bio-diesel as a vehicular fuel" Energy Conversion and Management 49, Page 2727-2741, 24 March 2008.

[2] Gerhard Knothe, Jon Van Gerpen, Jurgen Krahl "The Biodiesel Handbook" AOCS Press Champaign, Illinois, 2005.

[3] Relatório do comité sobre o desenvolvimento de biocombustíveis, Comissão de Planeamento da Índia, 16 de abril de 2003.

[4] Fangrui Maa, Milford A. Hannab, "Biodiesel production: a review" Bioresource Technology 70, Page 1-15, 2 de fevereiro de 1999.

[5] Ulf Schuchardta, Ricardo Serchelia, Rogerio Matheus Vargas "Transesterificação de óleos vegetais: uma revisão" , J. Braz. Chem. Soc., Vol. 9, No. 1, Page 199-210, 1998.

[6] M.Mathiyazhagan, A.Ganapathi, B. Jaganath, N. Renganayaki, And N. Sasireka "Production of biodiesel from non-edible plant oils having high FFA content", International Journal of Chemical and Environmental Engineering, Vol. 2, No.2, April 2011.

[7] M. Canakci, J. Van Gerpen, "Biodiesel production from oils and fats with high free fatty acids" American Society of Agricultural Engineers ISSN, Vol. 44(6), Page 1429-1436 September 2001.

[8] Gerhard Knothe, "Dependence of biodiesel fuel properties on the structure of fatty acid alkyl esters" Fuel Processing Technology 86, Page 1059- 1070, 2005.

[9] P.K.Gupta, Rakesh Kumar, B.S.Panesar, and V.K.Thapar "Parametric Studies on Biodiesel prepared from Rice Bran Oil" Agricultural Engineering International: the CIGR Ejournal. Manuscrito EE06 007, Vol. IX, abril de 2007.

[10] Orchidea Rachmaniah, Yi-Hsu Ju, Shaik Ramjan Vali, Ismojowati Tjondronegoro, e Musfil A.S "A Study on Acid-Catalyzed Transesterification of Crude Rice Bran Oil for Biodiesel Production".

[11]Novy Srihartati Kasim, Tsung-Han Tsai, Setiyo Gunawan, Yi-Hsu Ju, "Biodiesel production from rice

bran oil and supercritical methanol" Bioresource Technology 100 (2009) Page 2399-2403, 26 de novembro de 2008.

[12] Yi-Hsu Ju, Shaik Ramjan Vali "Rice bran oil as a potential resource for biodiesel: A review", Journal of Scientific & Industrial Research, Vol.64, Page 866-882, November 2005.

[13] Kusum R., Bommayya H., Fayaz Pasha P. e Ramachandran H. D. "Palm oil and rice bran oil: Current status and future prospects", International Journal of Plant Physiology and Biochemistry Vol. 3(8), Page 125-132, August 2011.

[14] Janahiraman Krishnakumar, V. S. Karuppannan Venkatachalapathy, Sellappan Elancheliyan "Technical aspects of biodiesel production from vegetable oils", Thermal Science, Vol. 12 No. 2, Page 159-169, 2008.

[15] Young-Cheol Bak, Joo-Hong Choi, Sung-Bae Kim, Dong-Weon Kang "Production of biodiesel fuels by transesterification of rice bran oil", Korean J. of Chem. Eng., Vol.13(3), Página 242-245, 1996.

[16] Lin Lin , Dong Ying, Sumpun Chaitep , Saritporn Vittayapadung "Biodiesel production from crude rice bran oil and properties as fuel" Applied Energy 86 (2009), Page 681-688, June 2008.

[17] G. Venkata Subbaiah, K. Raja Gopal, Syed Altaf Hussain, B. Durga Prasad & K. Tirupathi Reddy "Rice bran oil biodiesel as an additive in diesel- ethanol blends for diesel engines".

[18] S. Saravanan, G. Nagarajan, G. Lakshmi Narayana Rao "Feasibility analysis of crude rice bran oil methyl ester blend as a stationary and automotive diesel engine fuel", Energy for Sustainable Development 13 (2009), Page 52-55, March 2009.

[19] Rambabu Kantipudi, Appa Rao.B.V, Hari Babu.N, Satyanarayana.CH "Studies on Di diesel engine fueled with rice bran methyl ester injection and ethanol carburetion", International Journal Of Applied Engineering Research, Dindigul Volume 1 No1, Page 206- 221, 2010.

[20] Ram Prakash, S.P.Pandey, S.Chatterji, S.N. Singh "Emission Analysis Of Ci Engine Using Rice Bran Oil And Their Esters", Journal Of Engineering Research And Studies, Vol. II(I), Page 173-178, 2011.

[21] R.Ragu, G.Ramadoss, K.Sairam, A.Arulkumar "Experimental investigation on the performance and

emission characteristics of a Di diesel engine fueled with preheated rice bran oil", European Journal of Scientific Research, Vol.64 No.3, Page 400-414, 2011.

[22] GVNSR Ratnakara Rao, V. Ramachandra Raju, M. Muralidhara Rao "Optimising the compression ratio of diesel fuelled C.I engine", ARPN Journal of Engineering and Applied Sciences, Vol.3 No.2, Page 1-4, 2008.

[23] R.Anand, G.R Kannan, K. Rajasekhar Reddy, S. Velmalthi "The performance and emissions of a variable compression ratio diesel engine fuelled with bio-diesel from cotton seed oil", ARPN Journal of Engineering and Applied Sciences, Vol.9 No.9, Page 72-87, November 2009.

[24] Usha PT, Premi BR "Rice bran oil - Natures gift to mankind", www.Nabard.com 7: 1-2, 2011.

[25] B.P Pundir, "Engine Emissions - Pollution Formation and Advances in Control Technology" Narosa Publishing House, New Delhi, 2007.

Printed by Books on Demand GmbH, Norderstedt / Germany